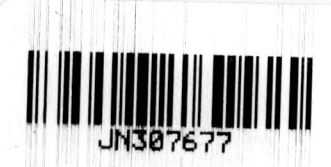

作って試せば土木がもっと好きになる

模型で分かるドボクの秘密

DVDブック

藤井俊逸 著

日経コンストラクション編

はじめに

土木工学とは本来、人が自然と寄りそってより良く生きるための技術です。そのために、様々な技術的知識の蓄積を社会インフラ整備という形で具現化するわけです。技術的知識といっても、机上で学ぶだけでは十分ではありません。自分の目で見て、手を動かし、足を運び、そのような体験的なプロセスを経てこそ、真に有効な「知識」を身に付けることができます。そこに土木工学の面白みや醍醐味がある、と私は確信しています。

このDVDブックは、主に若手土木技術者や土木系学生の皆さんを対象に、土質力学を中心に土木工学本来の面白さや醍醐味の原点を再認識してもらうためにまとめました。12の章立てで紹介する「ドボク模型」は、いずれも百円ショップやホームセンターで手に入る素材で作れます。このテキストを片手に付属DVDの実演動画をご覧になった後、ご自分でも作って試してみてください。

技術的知識に関する自らの理解度を量るうえで、最も簡単で効果的なやり方は、専門外の人に説明してみることです。私自身、「ドボク模型」を一般市民（子供を含む）を対象にした広報イベントなどでフル活用しています。土木の面白さや魅力を何とか伝えたい一心で続けているのですが、聞き手が理解してくれて目を輝かせる様子を見ると、本当に嬉しくなります。皆さんも身近な家族や友人などを相手に、専門外の人に説明するスキルを磨いてみてはいかがでしょう。そのスキルが上がれば、きっとご自分でも今以上に「土木の魅力」に気が付くことでしょう。

2015年9月

藤井俊逸　（藤井基礎設計事務所 専務取締役）

CONTENTS

01 トンネルはなぜ崩れない？ p.007

NATM工法の原理を金属ナットを使って再現。
地中に形成した「アーチ」で断面空間を支える仕組みを紹介する。

02 雨降って山が崩れる仕組み p.017

豪雨などで生じる「円弧すべり」を模型化。
排水ボーリングなどの対策工による効果も分かりやすく見せる。

03 土のうの強さの秘密とは？ p.027

土の粒子は圧縮力に対しては強いが、引っ張り力には弱い。
土のうにもこうした土の性質が生かされている。

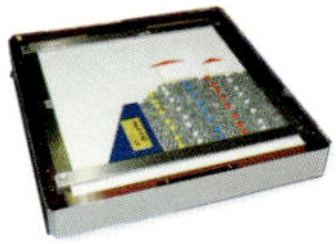

04 擁壁の形は何で決まる？ p.037

擁壁には背後の土からどのような力が掛かっているか、
土は崩れる際にどのような挙動を示すか。模型で実演する。

05 地盤の支持力とは？ p.047

土の粒子に見立てる材料はパスタ。構造物の形状によって
地中のどの範囲まで影響が及ぶか、視覚的に確認する。

06 地すべりで土はどう動く？ p.055

地中に「すべり面」がある場合とない場合とで、
地すべりの際の土の挙動はどのように変わってくるか。

07 ジオテキスタイルって何？ p.065

軟弱地盤対策の素材として一般的なジオテキスタイルについて、
これを用いた補強盛り土工法の効果を再現する。

※本書は日経コンストラクション2014年1月27日号～15年7月27日号で掲載した連載「ドボク模型プレゼン講座」に加筆・修正して冊子化するともに、各模型実験の動画を新たに収録したDVDを加えたものです。そのため本書の冊子と付属DVDでは、実験の手順や画像などに一部異なる部分がありますのでご了承ください。

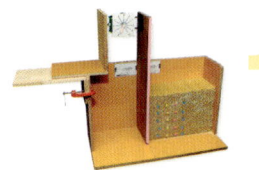

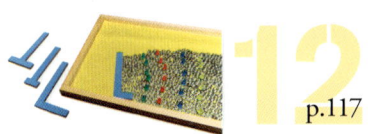

付属DVDの再生方法

- DVDに収録されているコンテンツは映像と音声を高密度に記録しています。DVDプレーヤーやパソコンなどDVDビデオ対応の再生機でご覧ください。

- 再生上の詳しい操作方法はご使用になるプレーヤーの取り扱い説明書をご覧ください。このDVDは一部のDVDプレーヤー、一部のパソコンでは再生できない場合があります。

16:9　2 NTSC　DVD VIDEO　複製不能　レンタル禁止　DVDビデオ約50分

01
トンネルは なぜ崩れない？

金属ナットを土の粒子に見立てて、NATM工法の原理を再現。
トンネル断面周囲の地山をロックボルトで「ブロック化」し、
いわば地中にアーチを形成することでトンネル空間を支える
というメカニズムを直観的に理解できる。

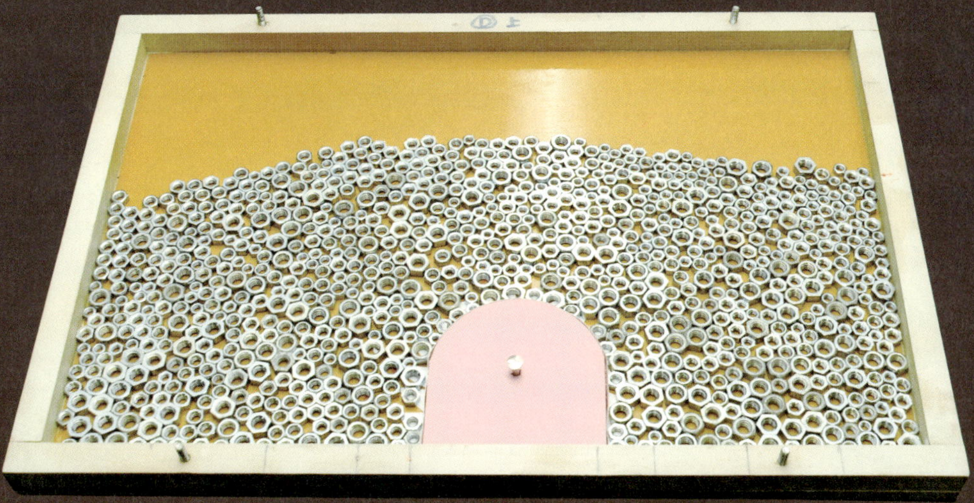

模型の実演と着眼点

1

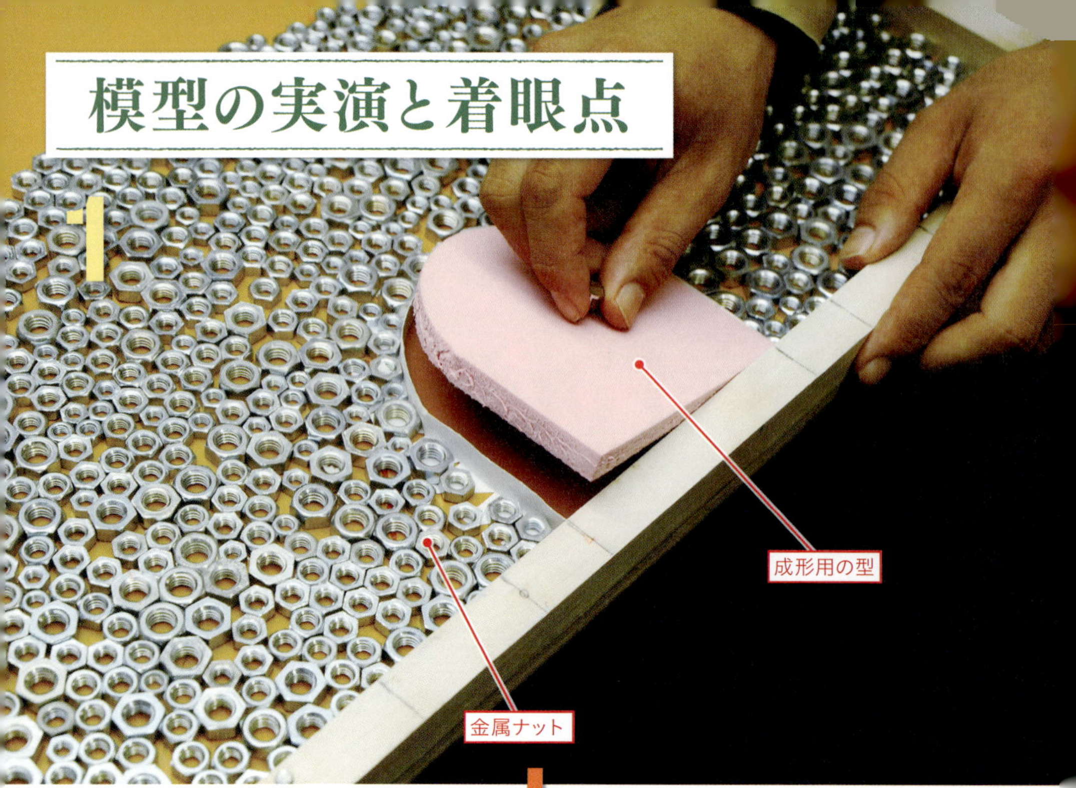

山岳トンネルで代表的なNATM工法の原理をこの模型で説明しましょう。木製パネルの枠内には、数種類の大きさの金属ナットを入れています。このナットが土の粒子です。トンネルの断面は紙の枠で作りました。ナットも紙の枠も、パネルに固定していません。紙の帯にセットしている成形用の型を外して、パネルを起こしてみましょう

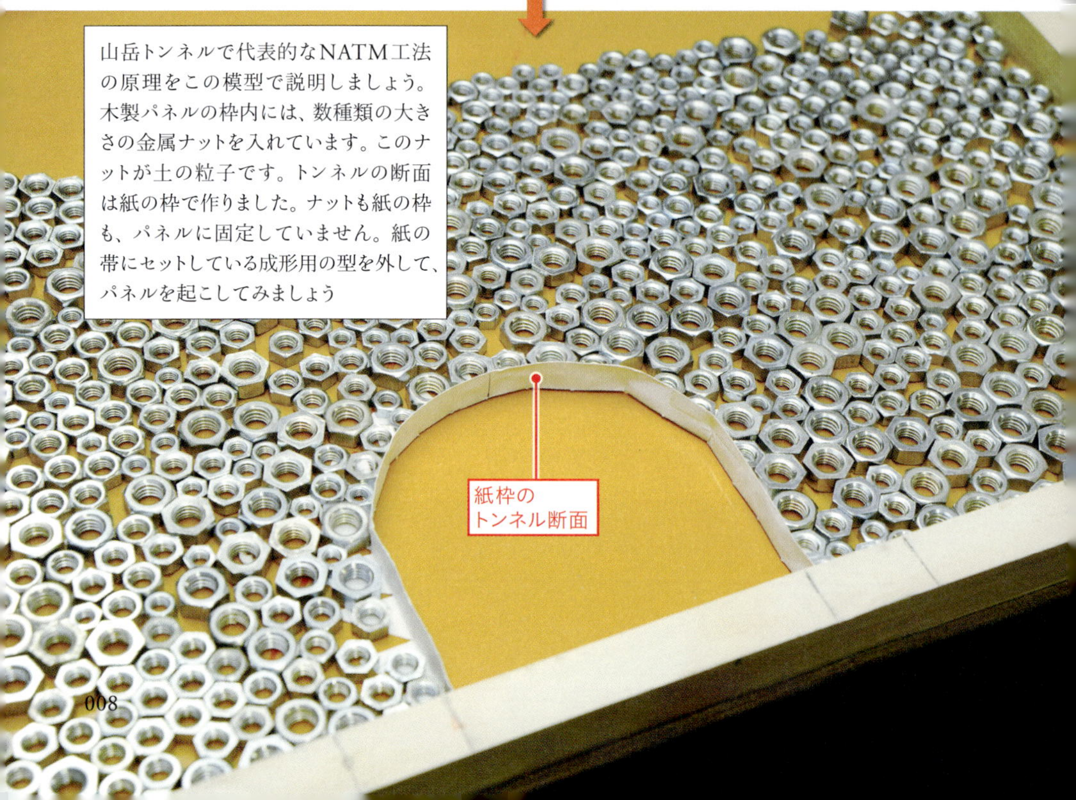

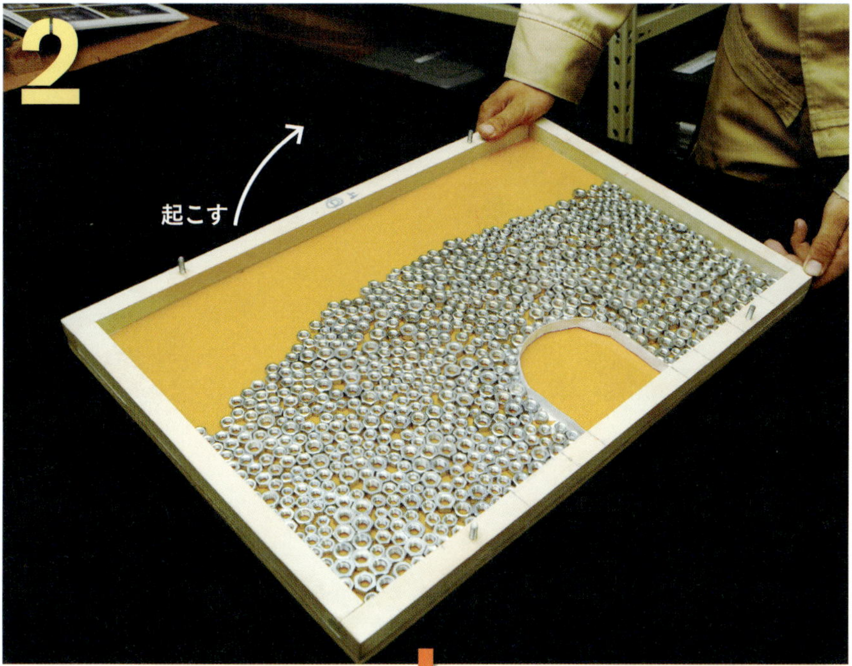

パネルを起こすと、金属ナットの重みでトンネル断面の紙枠はつぶれてしまいました。トンネル周囲の地山が崩れた状態です

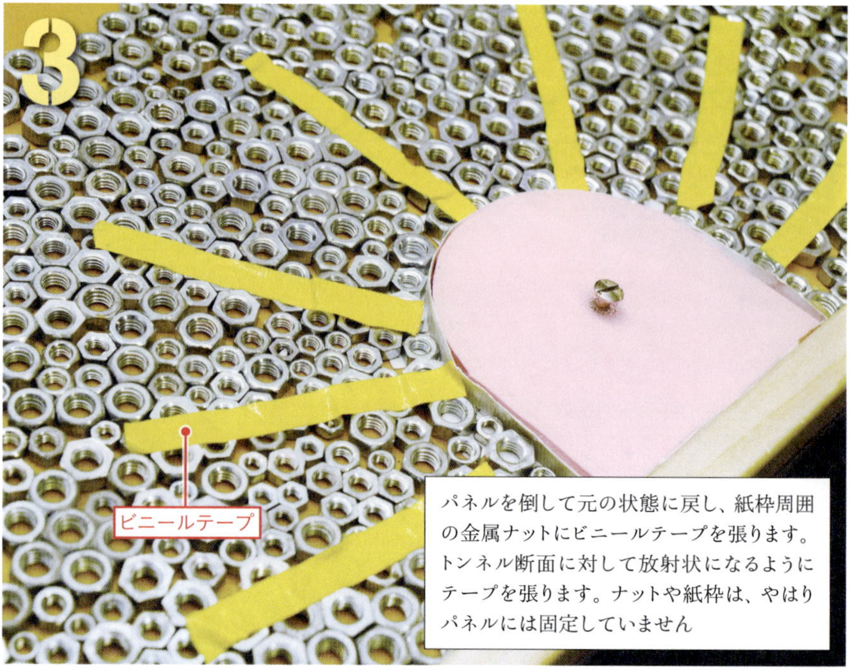

パネルを倒して元の状態に戻し、紙枠周囲の金属ナットにビニールテープを張ります。トンネル断面に対して放射状になるようにテープを張ります。ナットや紙枠は、やはりパネルには固定していません

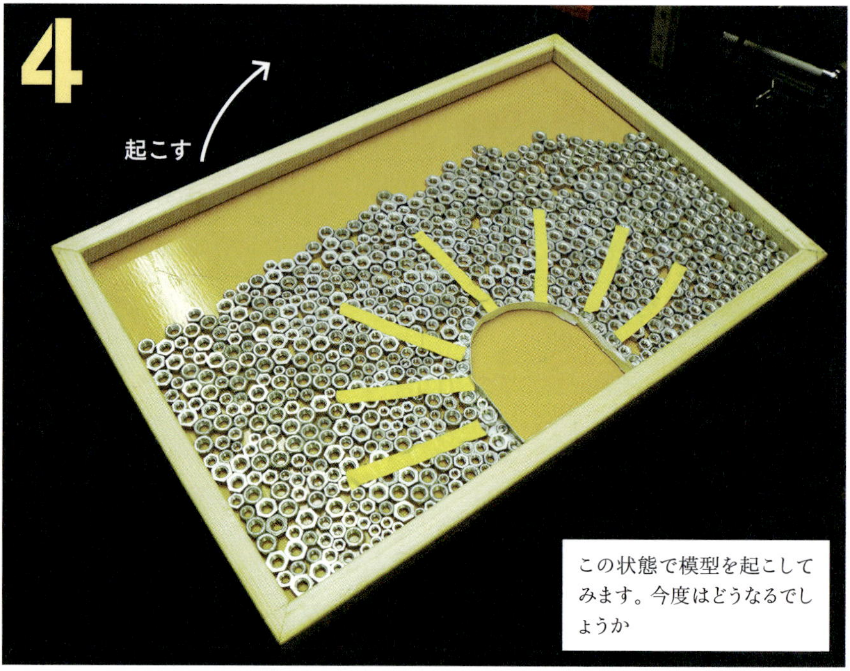

この状態で模型を起こしてみます。今度はどうなるでしょうか

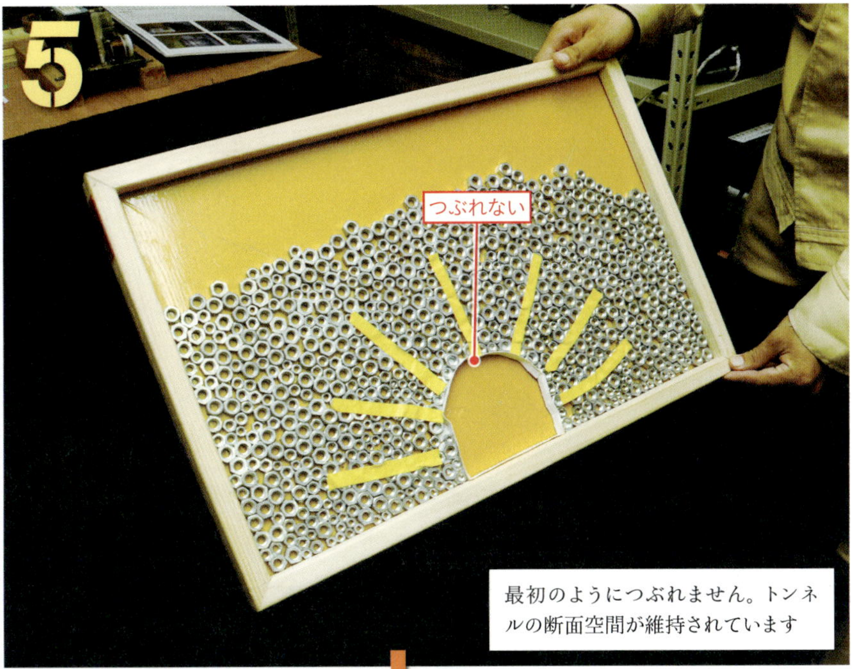

最初のようにつぶれません。トンネルの断面空間が維持されています

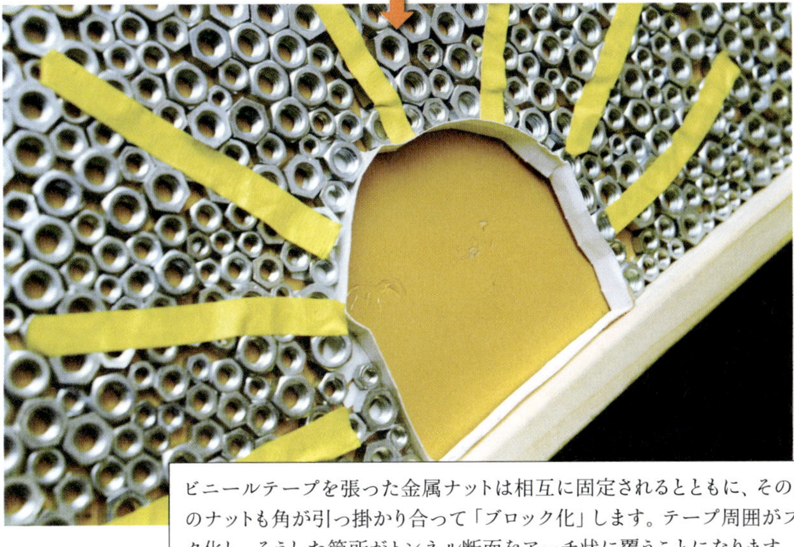

ビニールテープを張った金属ナットは相互に固定されるとともに、その周囲のナットも角が引っ掛かり合って「ブロック化」します。テープ周囲がブロック化し、そうした箇所がトンネル断面をアーチ状に覆うことになります。そのため、トンネル断面は崩れなくなります。NATM工法では周囲の地山にロックボルトを打ち込み、グラウト材で固めることで、トンネル断面を覆うアーチを形成します。模型のテープは、このメカニズムを再現したものです

模型の構造と作り方

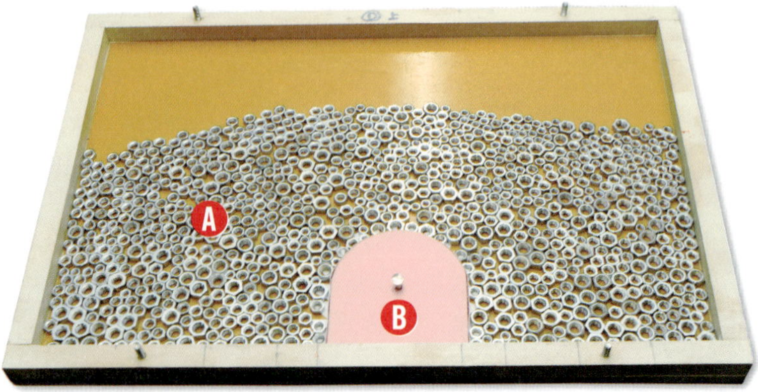

A 土の粒子をナットで表現

大きさが異なる3種類程度の金属ナットを混合して、土の粒子に見立てている。ナットは適当な重量があり、断面が円形ではなく角があって互いに引っ掛かるところが、土の挙動を再現するうえでミソになる。模型の下地は、型枠用の塗装コンパネに木枠を取り付けて作った。画材などによくある木製パネルの裏面に塗装したり、プラスチックの板を張ったりしてもいいだろう。

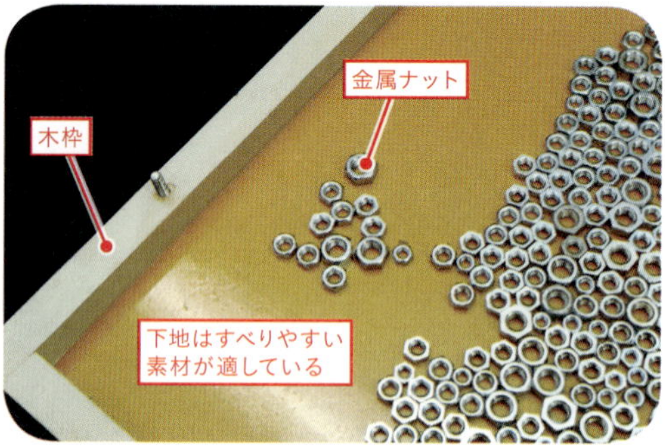

B トンネル断面は紙の帯で

トンネル断面を表現する右のパーツは、帯状に切った紙をかまぼこ型の断面形状にして、一方の端に立ち上がり代を設けた。ナットと同様に下地に固定しないで、動く状態でセットする。スチレンフォーム製の型は、ナットをセットする際に形を整えるためのもの。

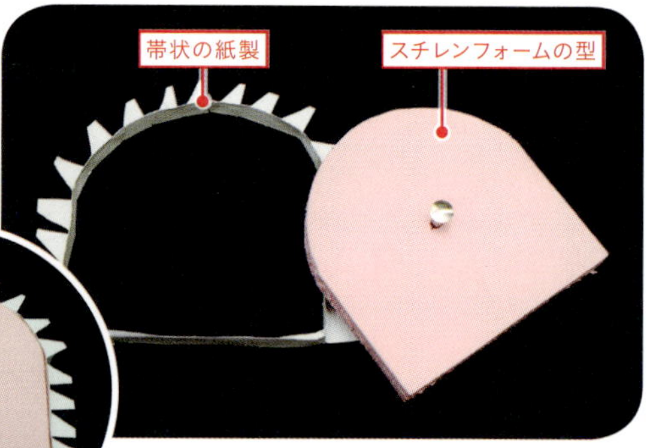

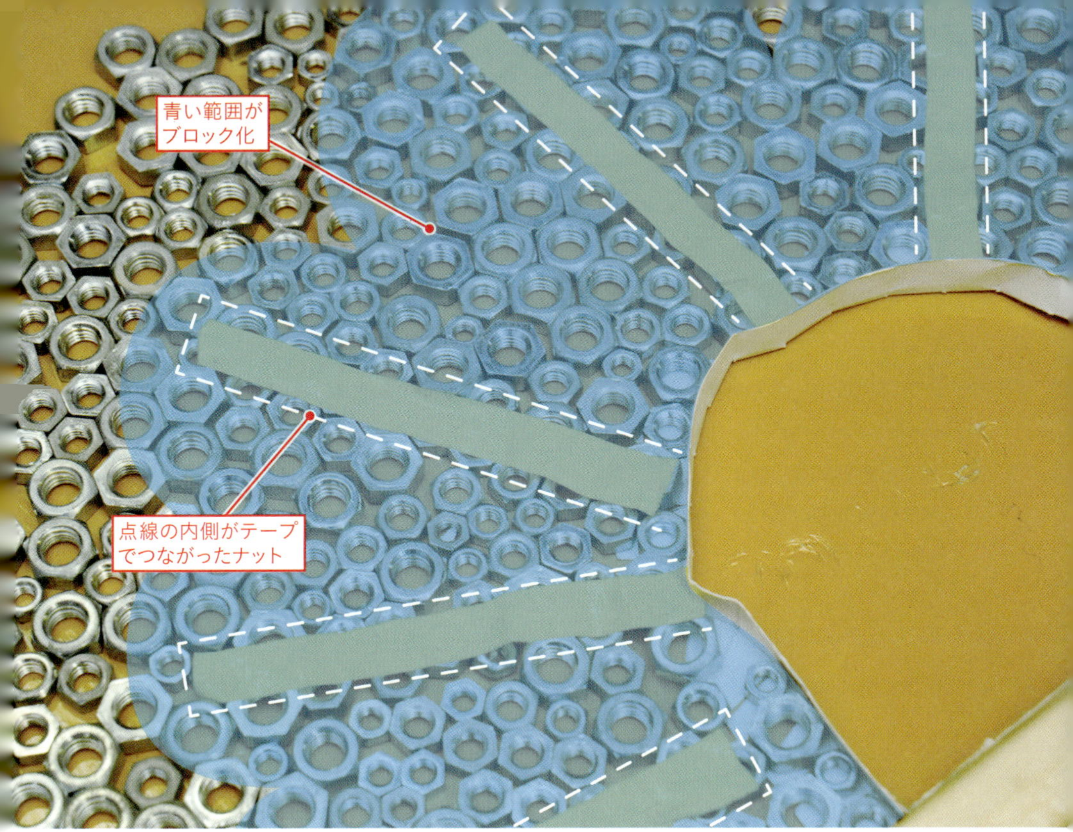

テープの周囲がブロック化

土の粒子に見立てた金属ナットが自由に動く状態のままで、ビニールテープでライン状にナットを留め付ける。テープはトンネル断面に対して放射状に張る。上の写真でテープ周囲の点線が、留め付けられたナットの範囲だ。その周囲のナットも、互いの角が引っ掛かって動けなくなる。

そのため、青色で示した範囲全体で、ナットの集合体が「ブロック化」する。こうしたブロックがトンネル断面をアーチ型に囲むことで、地山の「崩れようとする力」から断面空間を支える。これがNATM工法の基本原理であり、まさに土の性質を利用した技術と言える。

さらに応用として、張り付けるビニールテープの本数や位置、長さなどを変えることでブロック化する範囲を変化させて、それぞれトンネル断面を支えられるかを試すといった実験もできる。

この模型のポイント

トンネルはなぜ崩れないか——。一般の人にこんな質問を投げ掛けると、「コンクリートの壁（トンネルの覆工）で支えられているから」という答えが返ってくる。シールド工法でセグメントが果たす役割などは、そのイメージに近いかもしれない。

しかし土木工学を学んだ人なら、そうではないトンネル工法もあることは分かるだろう。この模型でモチーフにしたNATM工法は最たる例だ。NATM工法は、周辺地山の土の挙動をコントロールして地中に土の「ブロック」を形成する工法。そのブロックが坑道をアーチ状に覆うことで、土圧に対してトンネルを支持する。ロックボルトの打設やその周辺の改良によって、支持力を発揮する土のブロックを形成する。

この模型は、そうした土木技術を再現したモデルである。ビニールテープでライン状に金属ナット（土の粒子）をつなぎ留めると、その周囲のナットも互いの角が引っ掛かり、さらに重力で締め固まる。これが「ブロック化」。ブロック化した範囲がアーチ型に坑道周囲を覆うことでトンネルが崩れない、というイメージを視覚的に理解できる。

私（藤井）はこの模型実験をしばしば一般市民向けのイベントなどでも実演しているが、かなり人気がある。ビニールテープを張った状態で模型を起こしてトンネルが崩れない様子を見ると、多くの観衆が驚きの声を上げる。小学校高学年程度なら子供でも、NATM工法の基本原理を理解してもらえる。

若手技術者や土木系学生にとっては、経験の足りなさもあるのか、こうした土の挙動をイメージするのは意外と難しいようだ。NATM工法でロックボルトを打設することは知識として理解していても、土圧に対する支持力の形成にどのような役割を果たしているか、具体的に理解できていない人は少なくない（元々見えないから当然だ）。例えば軟弱層の掘削時に切り羽の上部前方向に打つフォアパイルなども、「地山をブロック化して固める」という点では、NATM工法のロックボルトの効用に似ている。そうした原理をイメージとして理解するうえでも、この模型は使える。

応用編「岩盤層に弱線があると…」

この模型は、次ページのような応用編に展開することもできる。ここでは地山の地層にいわゆる「弱線」が潜んでいる場合を模型化した。

トンネル掘削の現場では、岩盤層の一部に軟らかい地層が見つかることがある。こ

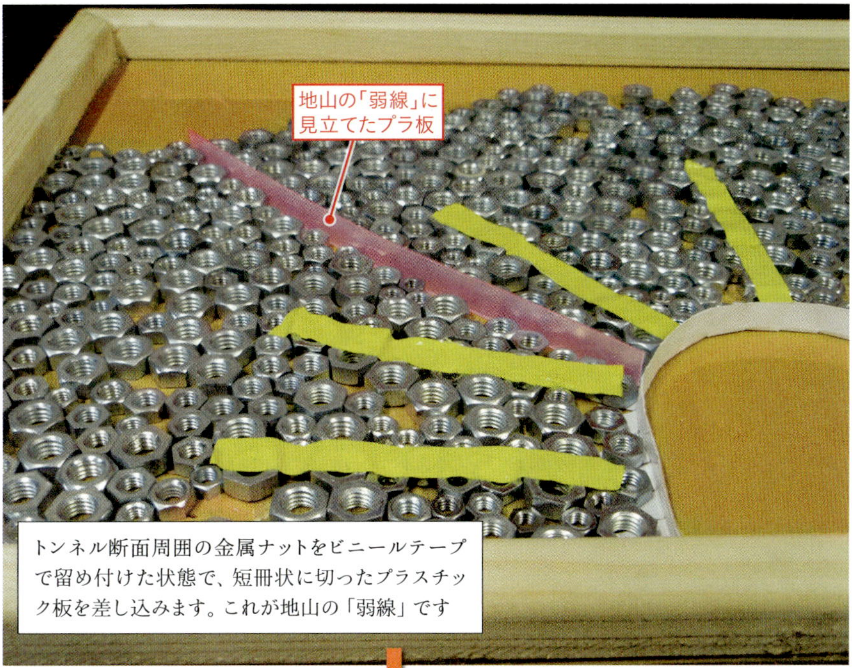

トンネル断面周囲の金属ナットをビニールテープで留め付けた状態で、短冊状に切ったプラスチック板を差し込みます。これが地山の「弱線」です

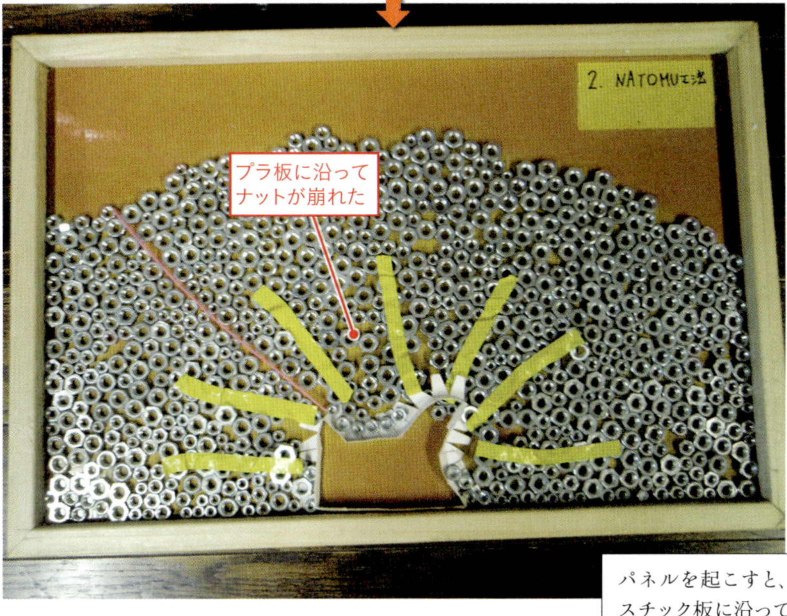

パネルを起こすと、プラスチック板に沿って金属ナットが崩れました

うした層が「弱線」であり、すべりやすい性質を持っている。前ページに挙げた実演は、それを再現したものだ。短冊状のプラ板を挿入すると、それに沿った部分のナットはブロック化できなくなり、すべりやすくなる。バランスが取れなくなって崩れる。実際のトンネル現場でも生じることがある崩落パターンだ。

02
雨降って山が崩れる仕組み

豪雨時などに発生する土砂災害のメカニズムと対策工の役割が浴室用バスマットやアクリル板で作った模型で一目瞭然。水を流し込むと、固い地盤に沿って生じる円弧すべりを再現し、排水ボーリングや押さえ盛り土の効果も理解できる。

模型の実演と着眼点

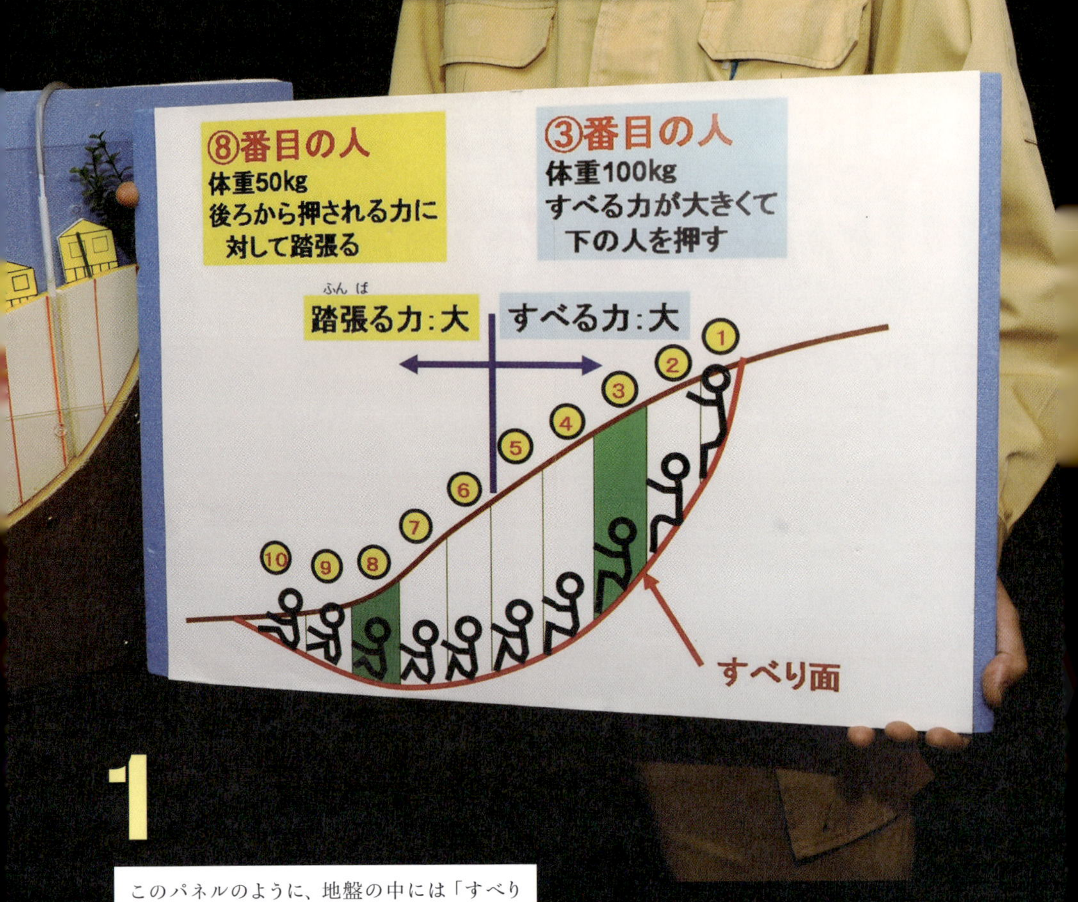

1

このパネルのように、地盤の中には「すべり台」があって、このように人が座っているとイメージしてください。上の人は急角度なのですべる力が大きく、前の人をぐいぐい押す。下の人は後ろから押されて、すべらないように踏ん張っています。すべる力が踏ん張る力を上回ると、山が崩れるのです

ロートから着色水を注ぐ

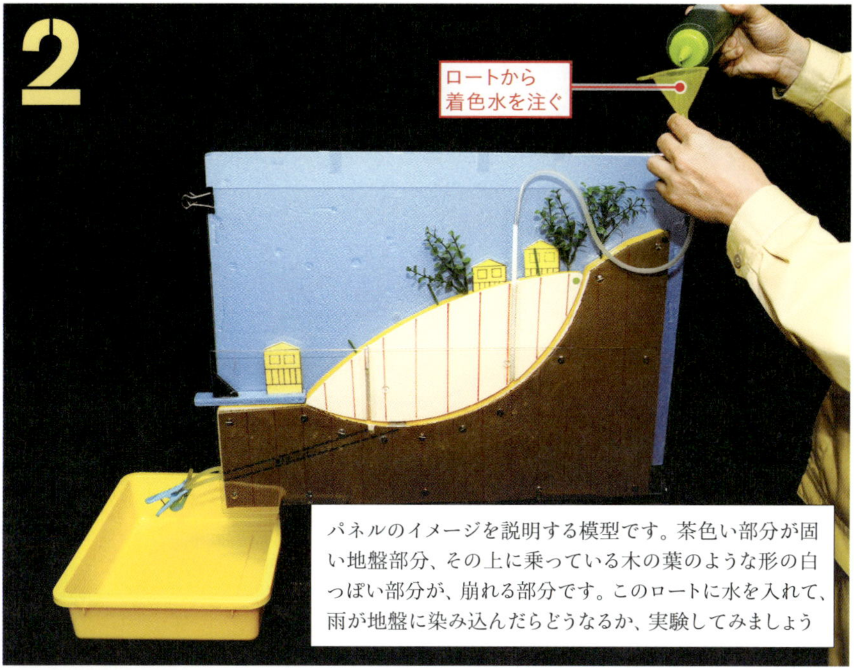

パネルのイメージを説明する模型です。茶色い部分が固い地盤部分、その上に乗っている木の葉のような形の白っぽい部分が、崩れる部分です。このロートに水を入れて、雨が地盤に染み込んだらどうなるか、実験してみましょう

注いだ水がたまってきた

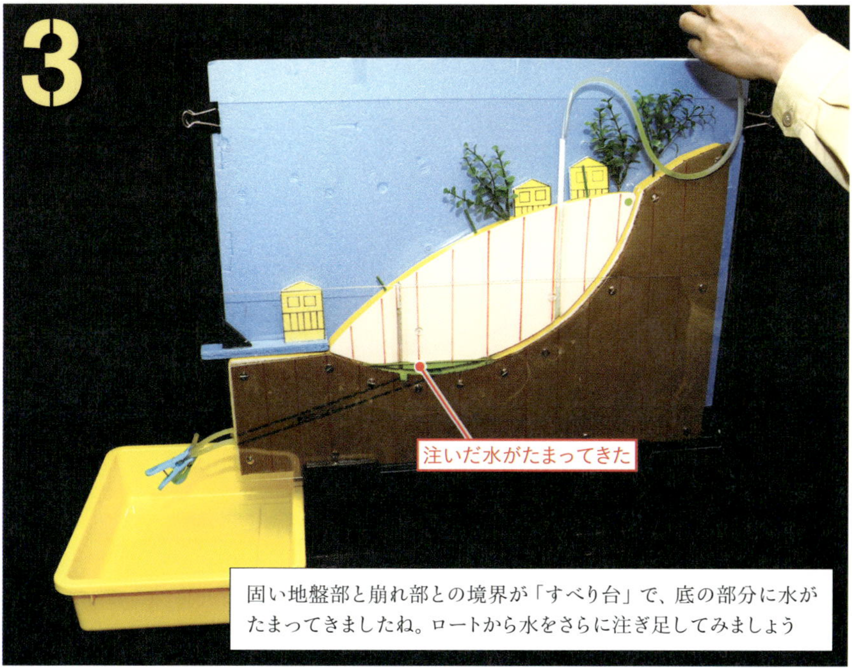

固い地盤部と崩れ部との境界が「すべり台」で、底の部分に水がたまってきましたね。ロートから水をさらに注ぎ足してみましょう

水をある程度注ぐと、山が崩れました。最初のパネル（18ページ）を思い出して下さい。地盤に水がたまると、パネルで下の方の人は、体が水につかった状態になります。お風呂では体が軽くなり、踏ん張る力が小さくなる。それと同じで、上の人から押される力に耐えられなくなり、山が崩れます

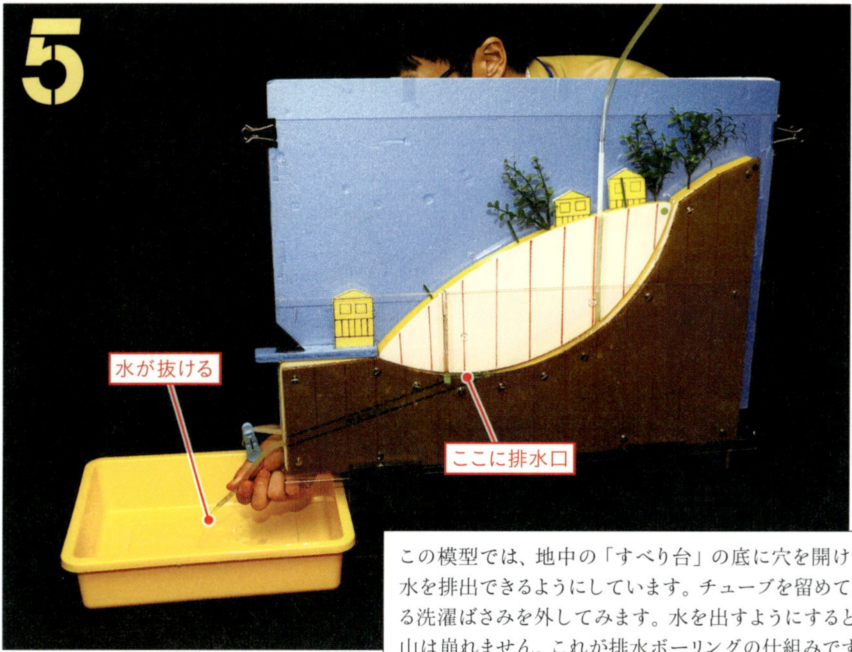

この模型では、地中の「すべり台」の底に穴を開けて水を排出できるようにしています。チューブを留めている洗濯ばさみを外してみます。水を出すようにすると、山は崩れません。これが排水ボーリングの仕組みです

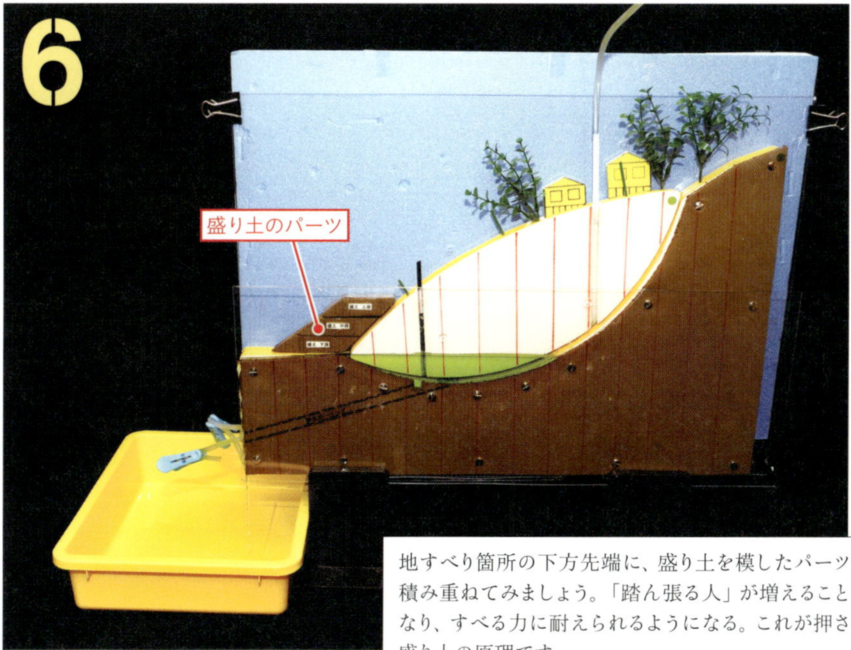

地すべり箇所の下方先端に、盛り土を模したパーツを積み重ねてみましょう。「踏ん張る人」が増えることになり、すべる力に耐えられるようになる。これが押さえ盛り土の原理です

模型の構造と作り方

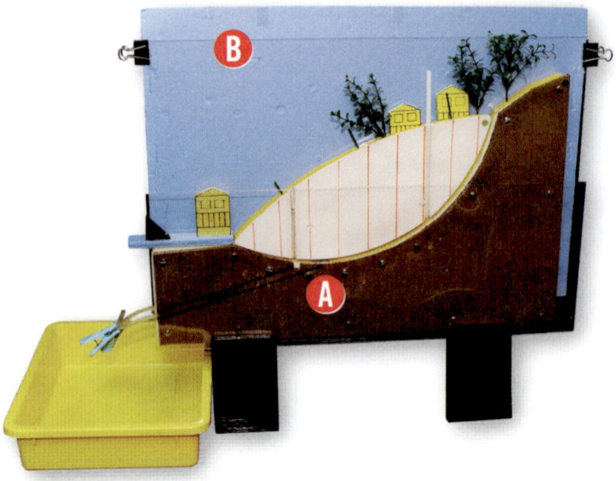

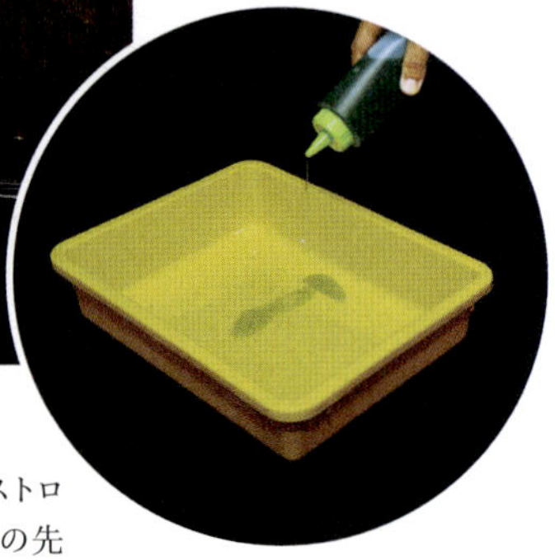

A 水抜き穴を設ける

固い地盤部分の底部付近から谷方向に向けて斜めに穴を開け、ストローを通す。これが水抜き穴。谷方向に模型から飛び出たストローの先端には、ゴムチューブを付ける。上の写真のように、このチューブを折って洗濯ばさみで挟めば、蛇口を閉めた状態になる。水は、流れや滞留量などを分かりやすく見てもらうために、入浴剤で着色した。注入にはケチャップなどを入れる調味料容器（円内の写真）を使うと便利だ。

B 本体はバスマット、防水を入念に

崩れる部分とその下の固い地盤部分は、色違いのバスマットをカットして作った。固い地盤に増し張りするなどして、崩れる部分の厚さを固い地盤部分の厚さより少し薄くするのがミソだ。水を注入して浮力が生じた際に崩れる部分が動きやすくするためだ。いろいろな材料で試行錯誤して、バスマットに到達した。

固い地盤部分の方にあらかじめ、水抜き穴を開けるなどの加工を施したうえで、透明のアクリル板2枚で挟み込む。その際、アクリル板とバスマット製のパーツとの間に水が浸透しないように、ビニールテープや両面テープなどを念入りに重ね張りして防水処理を施すことが大切なポイントだ。

アクリル板2枚でバスマット製パーツを挟み込み、締め付けて圧着する。この模型では、論文など厚みのある書類を束ねる製本用のネジ式ビスを用いた。バスマット自体に弾性があるので、強く締め付けると防水効果が高まる。崩れる部分は、外側のアクリル板を固い地盤部分に締め付けても可動性が保てる厚みにする。

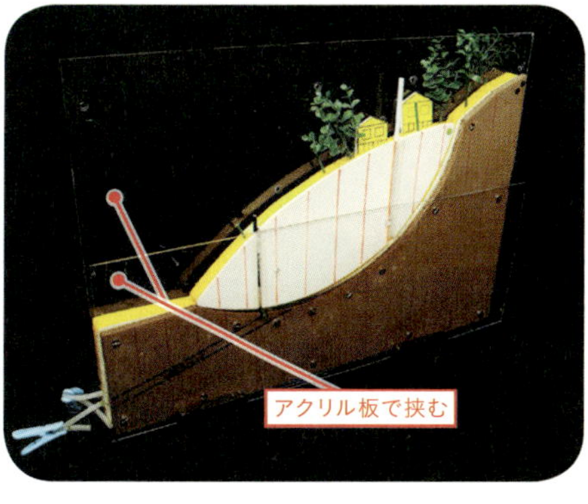

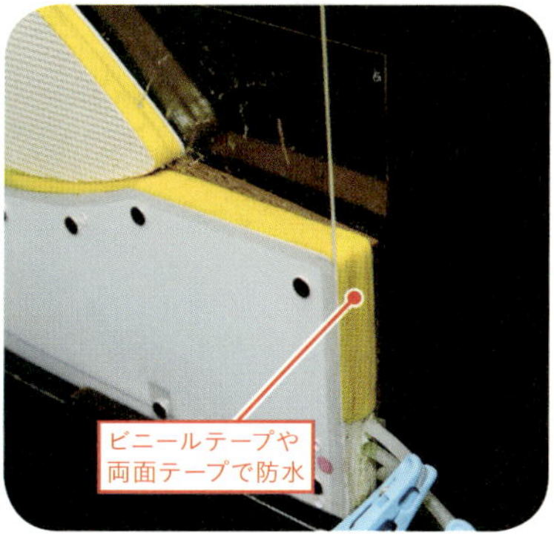

盛り土のパーツは少し重めに

盛り土の模型にもバスマットの端材を使った。裏面には、少し厚めのゴム板を同じ形にカットして張り付けている。ある程度の重量が必要なためで、このゴム板は、家庭用洗濯機などの下に入れる防振ゴムを切って使っている。

この模型のポイント

私が住む島根県では、豪雨や台風による土砂災害が多く、公共事業でも急傾斜地の地すべり対策が重要テーマの一つとなっている。私も、自治体の依頼で行う住民説明会の講師役をしばしば務める。そうした際によく使うのがこの模型だ。

急峻な崖地で排水ボーリングなどの対策工事を行おうとしても、住宅が近接していることが珍しくなく、住民の強い反対にあってなかなか着工できないケースもある。生活空間にある程度踏み込んでの工事になるので、住民に嫌がられてしまうのは仕方がないことかもしれない。

しかし事前の住民説明会でこの模型を使い、地すべりのメカニズムと排水ボーリングや押さえ盛り土の役割と効果を見せると、住民の反応は確実に変わる。反対の急先鋒だった住民が「すぐにやってくれ」と態度を変えるなど、工事に対する住民理解が深まり、協力的になってくれるケースを何度も体験した。

それだけに、公共工事の意義や目的を分かりやすく正確に伝えるという努力の大切さを改めて実感する。そうした点でこの模型は私にとって、“ヒット作”の一つである。この模型で説明してから、「ご近所で井戸水が濁っていませんか」、「擁壁の排水口から出る水が減ったり増えたりしていませんか」などと聞くと、住民にその質問の意味を直感的に理解してもらえる。

斜面崩壊のメカニズムを知る

若手技術者や土木系の学生なら、斜面における安定計算の方法は知っているはずだ。18ページで示したパネルを見れば、安定計算の方法をごくシンプルにイラスト化したものであることが分かると思う。

だが座学的に計算方法を分かっていても、斜面崩壊の土質力学的なメカニズムまで正確に理解しているだろうか。対策工を検討するうえで、最も大切なポイントはそこである。メカニズムを理解しておかないと、排水ボーリングを実施したり、押さえ盛り土などを施工したりすべき適切な箇所を判断できない。

例えば押さえ盛り土による対策工では、崩れる部分の上方から採取した現地発生土を使うのが一般的な方法だ。パネルで示した「踏ん張る力」を大きくするとともに、「すべる力」を減らすことにもなるからだ。

【対策工に絞った簡易版模型】

前ページまで紹介した水を使う模型では、対策工として排水ボーリングと押さえ盛り土を実演メニューに加えている。このほか、杭やアンカーなどを使う抑止工法もある。下の模型は、この説明のための簡易版だ。

基本的な構造は本格版と同様である。崩れる部分と固い地盤部分は、バスマットを切り抜いて作る。簡易版は水を使わないので、アクリル板で挟んで、ビニールテープや両面テープで防水処理する必要はない。写真Aのように、崩れる部分のパーツ上部を押すと、円弧すべりの挙動を見せることができる。

写真Bは杭の説明。崩れる部分と固い地盤部分とを貫く溝をうがっておき、そこにストローをセットする。写真Cはアンカー。アンカーに見立てた針金を固い地盤部分にビニールテープで固定し、反対側の先端を少し折って受圧板（バスマットの端材）に差し込む。BもCも、この状態で崩れる部分のパーツ上部を押しても動かない。対策工の効果を実感できる。

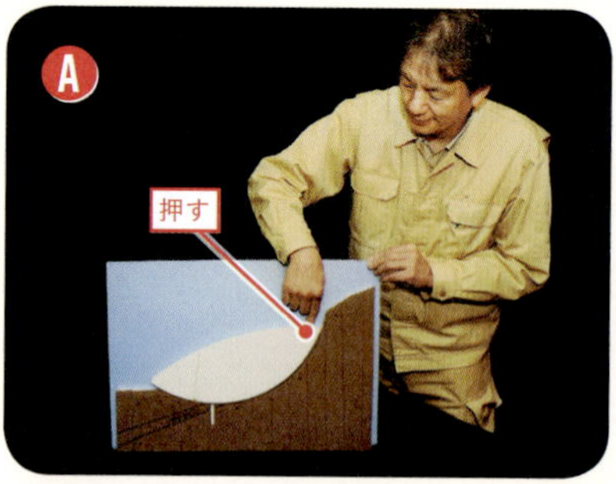

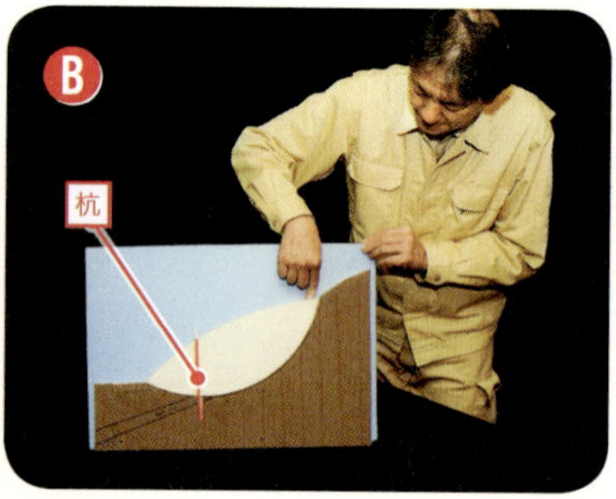

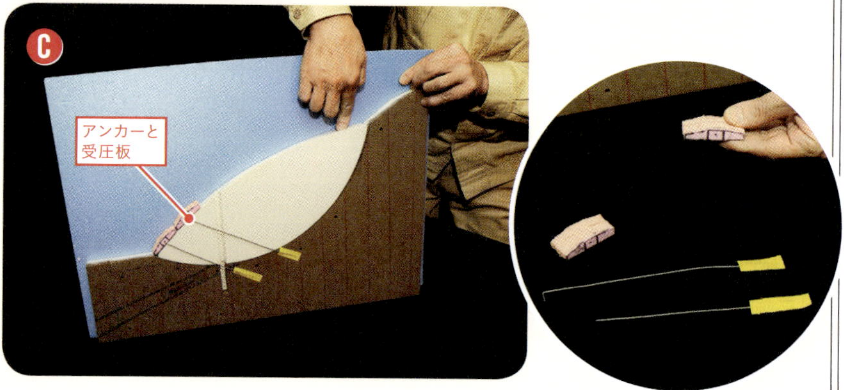

03
土のうの強さの秘密とは？

土の粒子は押さえ付ける方向の力に強く、引き離す力に弱い。
土を袋で包むことで、強さを引き出すのが土のうの技術だ。
さらに土のうは、断面の形状の違いで強さが変わる。
こうしたポイントが、ストローを使った模型で確認できる。

模型の実演と着眼点

1

土の粒子は、単純に二次元でとらえると、円の集
りと言えます。それをモデル化したのがこの模型
す。ストローの断面を土の粒子に見立てました。
トローの束に重りを置いてみましょう

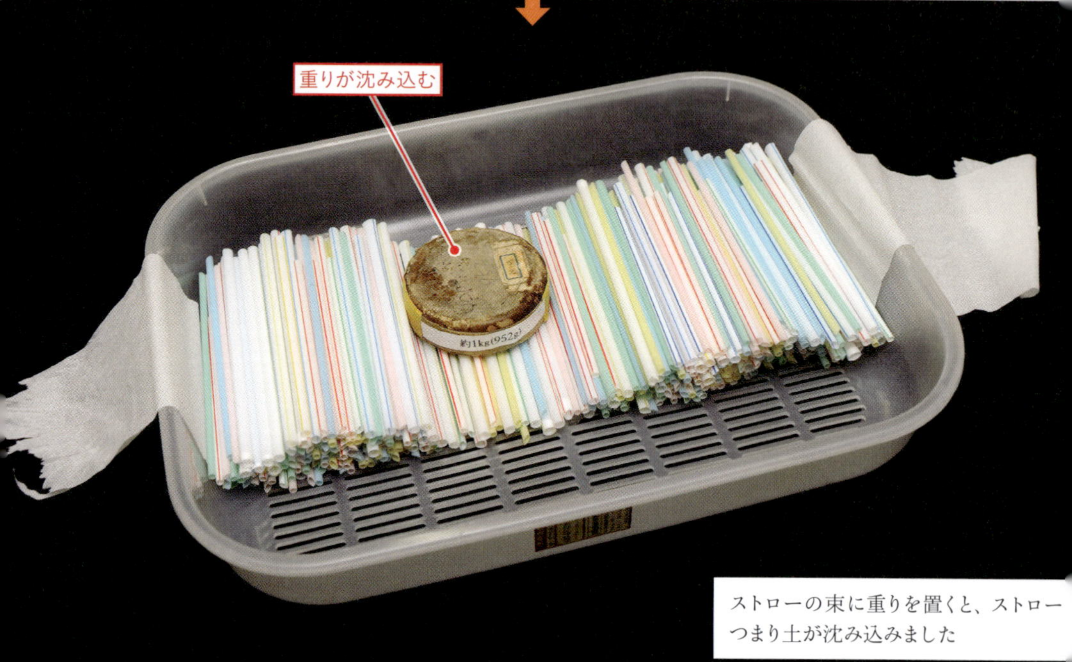

ストローの束に重りを置くと、ストロー
つまり土が沈み込みました

土のうに見立てて、ストローの束をトイレットペーパーで巻いてみます。束の断面が扁平形状になるように巻きます

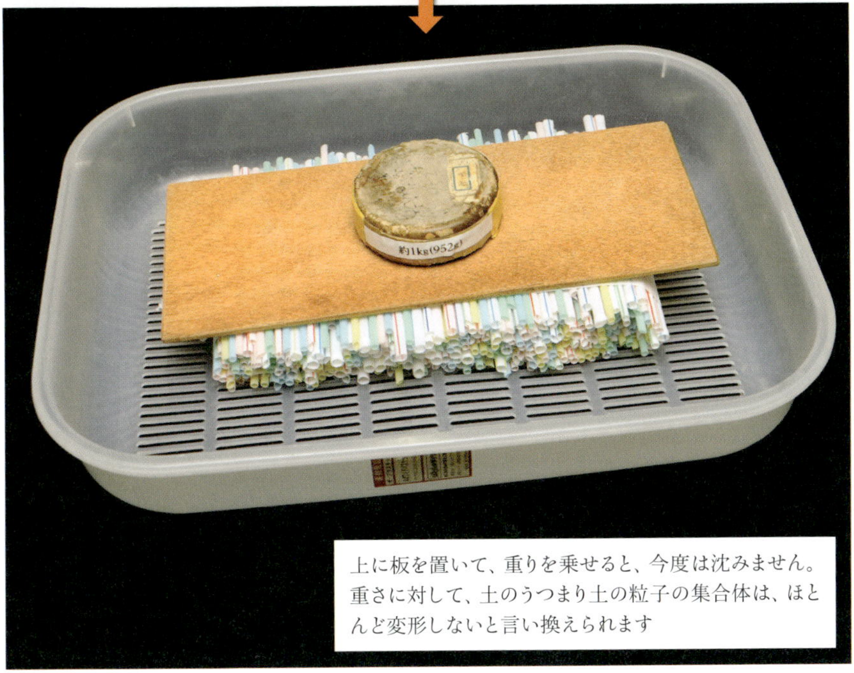

上に板を置いて、重りを乗せると、今度は沈みません。重さに対して、土のうつまり土の粒子の集合体は、ほとんど変形しないと言い換えられます

重りは1個が約1kgです。4個乗せても、土のう全体やストローの断面形状は、変化しません

今度は、板の上に人が乗って片足立ちになってみましょう。人が乗っても大丈夫。強いですね

断面形状をもっと丸くしてみます。ストロー束の断面が、高さが増えて幅が減るように、最初の扁平形状よりも肉厚に巻き直します。上に板を置いて、先ほどと同じ人が乗ると…

土のう袋に見立てたトイレットペーパーが破れて、中のストローが飛び散りました。ストロー束の断面形状によって、他の条件は一緒でも、重さに耐える力が変わるのです

模型の構造と作り方

A ストローの断面を土に見立てる

ストローの断面を土の粒子に見立てて、トイレットペーパーでストローを巻くことで、「土のう」を再現した。土の粒子を引き離そうとする力を減殺し、押し付ける力に対する強さを引き出す原理が直感的に分かる。

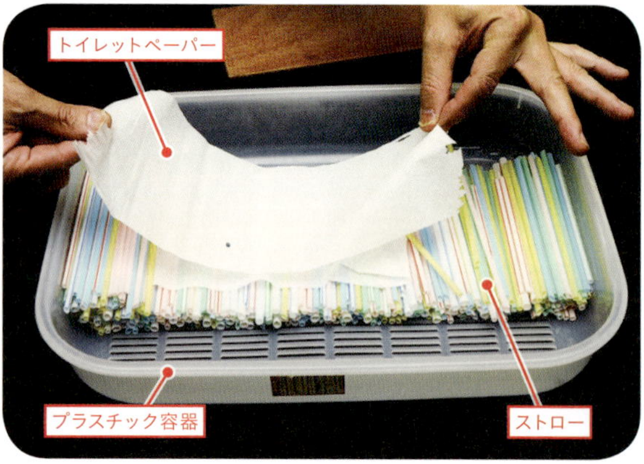

B 土のうの断面形状をイメージ

鋼材を切って作った重りは1個約1kg。何を使ってもいいが、このくらいの大きさの方が扱いやすい。ストローの束を「扁平に巻く」、「肉厚に巻く」それぞれの場合で断面形状がよく見えるようにすることが、実演上のポイントだ。

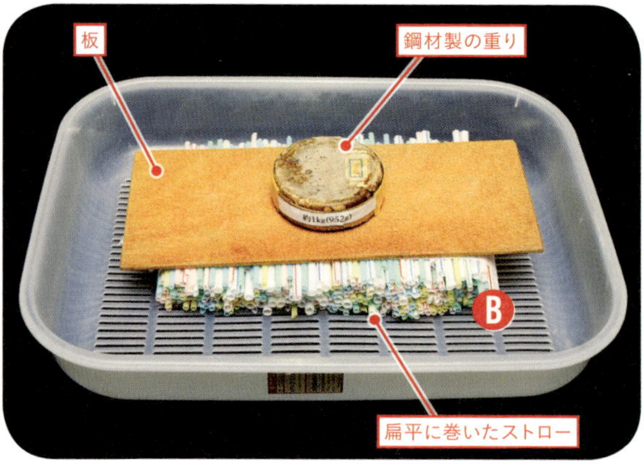

【断面形状の違いを図で解説】

専門外の人向けに説明する際には、下の図のようなイラストを用意すると、さらに分かりやすい。この実験でまず伝えたいのは、「土の粒子は押し付ける力に対して強く、離れようとする力に弱い」というポイントだ。土の粒子に見立てたストローを使って説明するだけでもよいが、図1のようなイラストがあれば、さらに一目瞭然。また「せん断力」とはどのように働く力かなども説明しやすい。

「断面の周長が同じなら、断面積が小さい土のうの方が押さえ付ける力に対して強い」という点も説明する。その際には、図2のようなイラストがあると有効。「周長が同じで断面積が違う」という状況は、ややイメージしにくいからだ。単純化した寸法で周長と断面積の関係をイラスト化すると良い。断面積に大小が生じることが分かると、意外と驚いてもらえる。

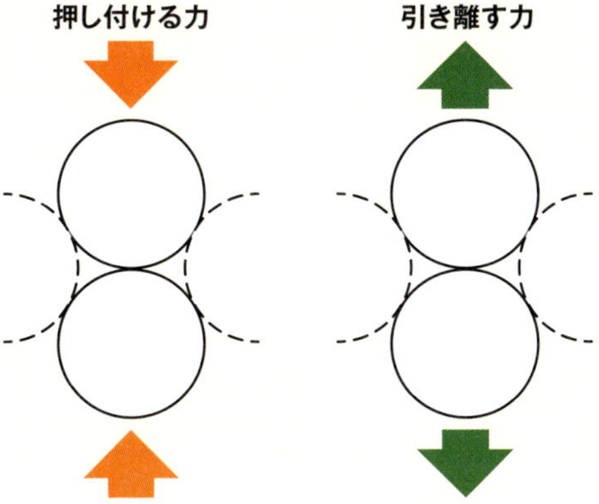

図1

土の粒子は押し付ける力に強いが、引き離す力に弱い。せん断力（ずれに抵抗する力）は有効応力（押し付ける力）と比例する

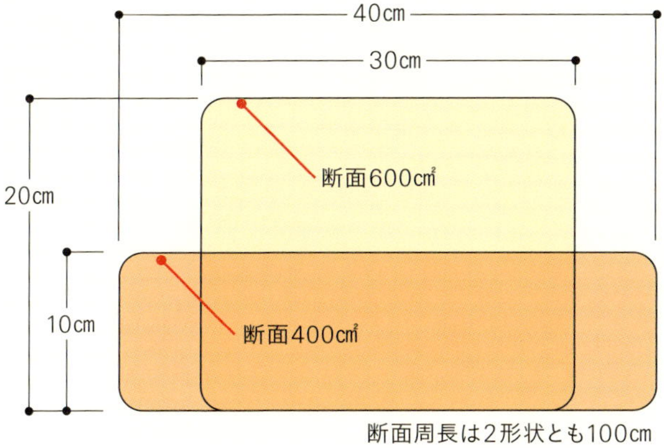

図2

土のうは重力作用で扁平になる。扁平になって断面積が小さくなると、有効応力およびせん断力ともに大きくなる（＝土のうはより強くなる）

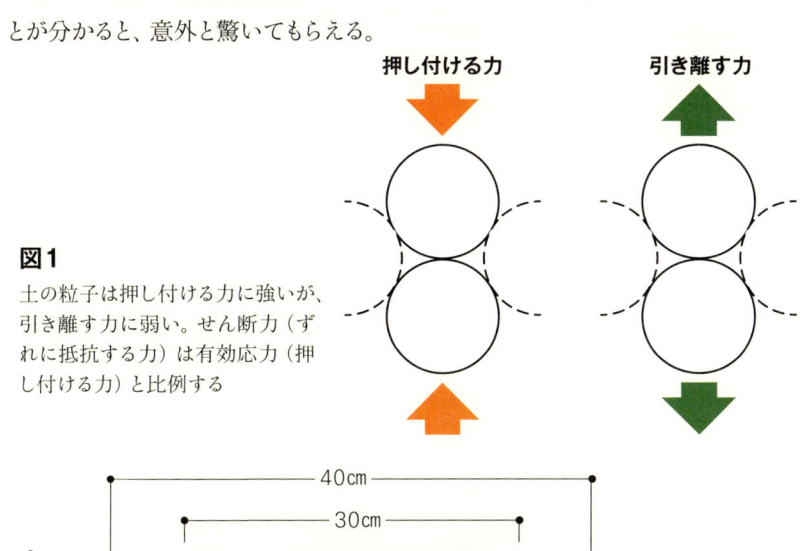

この模型のポイント

日常ではあまり注目されないものが、ちょっと視点を変えると、意外な驚きを与えてくれる。ここで紹介した土のうの模型は、まさにそうした例である。

「土のう」と言えば、小さな子供でもどんなものかがイメージできる。しかし、この模型で示した「断面形状によって強さが変わってくる」というポイントは、誰にとっても新鮮に映るはず。多くの人が、土のうをそのような視点で見たことがないからだ。

模型の作り方や使い方は、32ページまでに紹介した通りで、シンプルそのものだ。ストローやプラスチック容器は百円ショップで購入し、トイレットペーパーは当社（藤井基礎設計事務所）の備品を失敬した。ストローの山に重りを載せると沈み込むし、トイレットペーパーだけで重りを支えようとすると1個が限界（下の写真）。しかし両者を組み合わせると、人が乗っても耐え得る強さを発揮する。

土のうの性能は、土の粒子の性質を利用したものだ。しかし土木工学の教育カリキュラムでは一般に、こうしたことをほとんど教えない。土質力学では多くの理論式を教えるが、それらが土のうという技術にどう生かされているかまでは伝えない。若手技術者や土木系学生に「土のうの強さを理論式で説明せよ」という課題を与えても、困惑する人の方が多いのではないだろうか。次ページがその理論式の例だ。この理論式は、

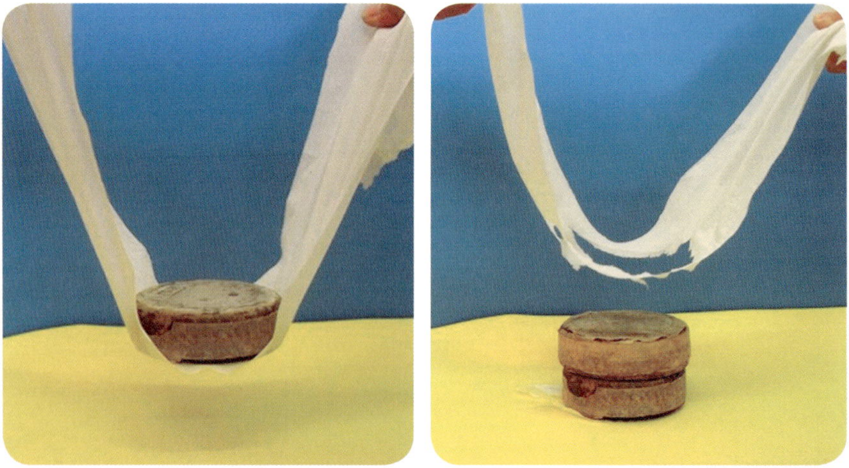

トイレットペーパーだけで耐え得るのは重り1個分

土のうの理論式

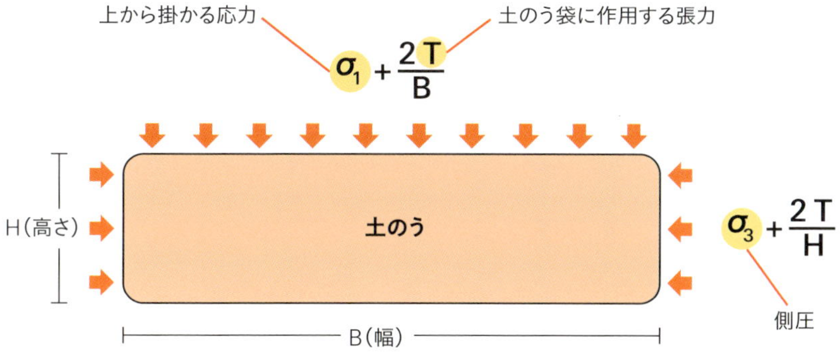

式 1

$$\sigma_1 + \frac{2T}{B} = Kp\left(\sigma_3 + \frac{2T}{H}\right)$$

Kp：受働土圧係数

式 2

$$Kp \geqq \frac{\sigma_1 + \frac{2T}{B}}{\sigma_3 + \frac{2T}{H}}$$

$\sigma_1 + \frac{2T}{B}$ ＝押さえ付ける応力

$\sigma_3 + \frac{2T}{H}$ ＝横から支える応力

扁平な土のうは強い

① Bに対してHが小さい

② Hが小さくなると $\frac{2T}{H}$ が大きくなる

③ $\frac{2T}{H}$ が大きくなると「横から支える応力」も大きくなる

④「押さえ付ける応力」を支えることができる

私の恩師である松岡元・名古屋工業大学名誉教授の著書「地盤工学の新しいアプローチ」（京都大学学術出版会）から引用した。簡単に言えば、「断面が扁平な土のうの方が強い」という性質を示す式だ。

土質力学でどう説明するか

土のう断面の幅（B）と高さ（H）、上から掛かる応力（σ_1）、側圧（σ_3）、土のう袋に作用する張力（T）という与条件が、どのような関係性にあるのか。この式を見れば、理解できるだろう。土のうが上や横からの力に耐え得るか否かのカギが、受働土圧係数（土の種類によって異なる）にあることも分かる。

04
擁壁の形は何で決まる?

ハンドルを回すと白いシートがベルトコンベヤーのように動く。
土に見立てた金属ナットがシートの動きに追随して、
擁壁に掛かっている力を再現することができる。
擁壁の形状による違いや背後の土の挙動を見てみる。

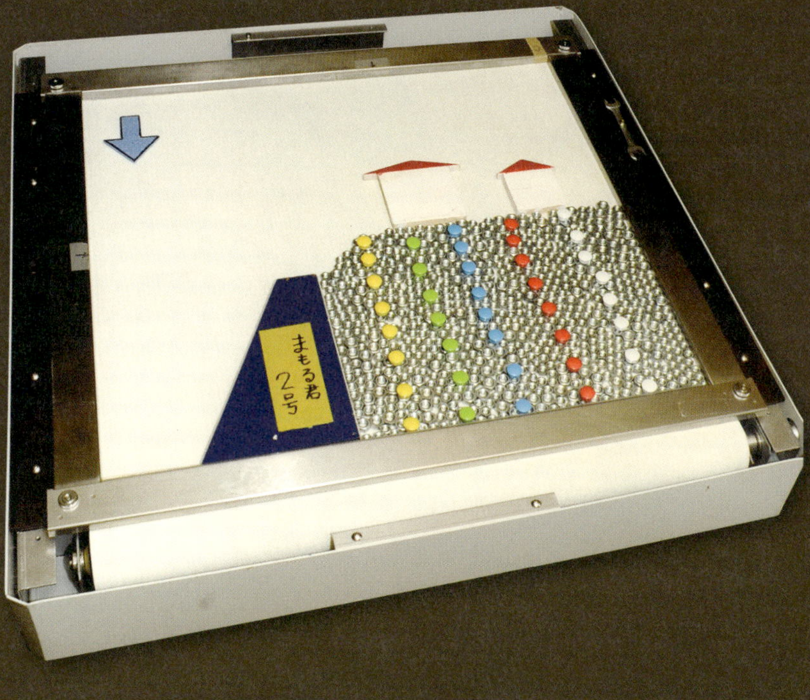

模型の実演と着眼点

1

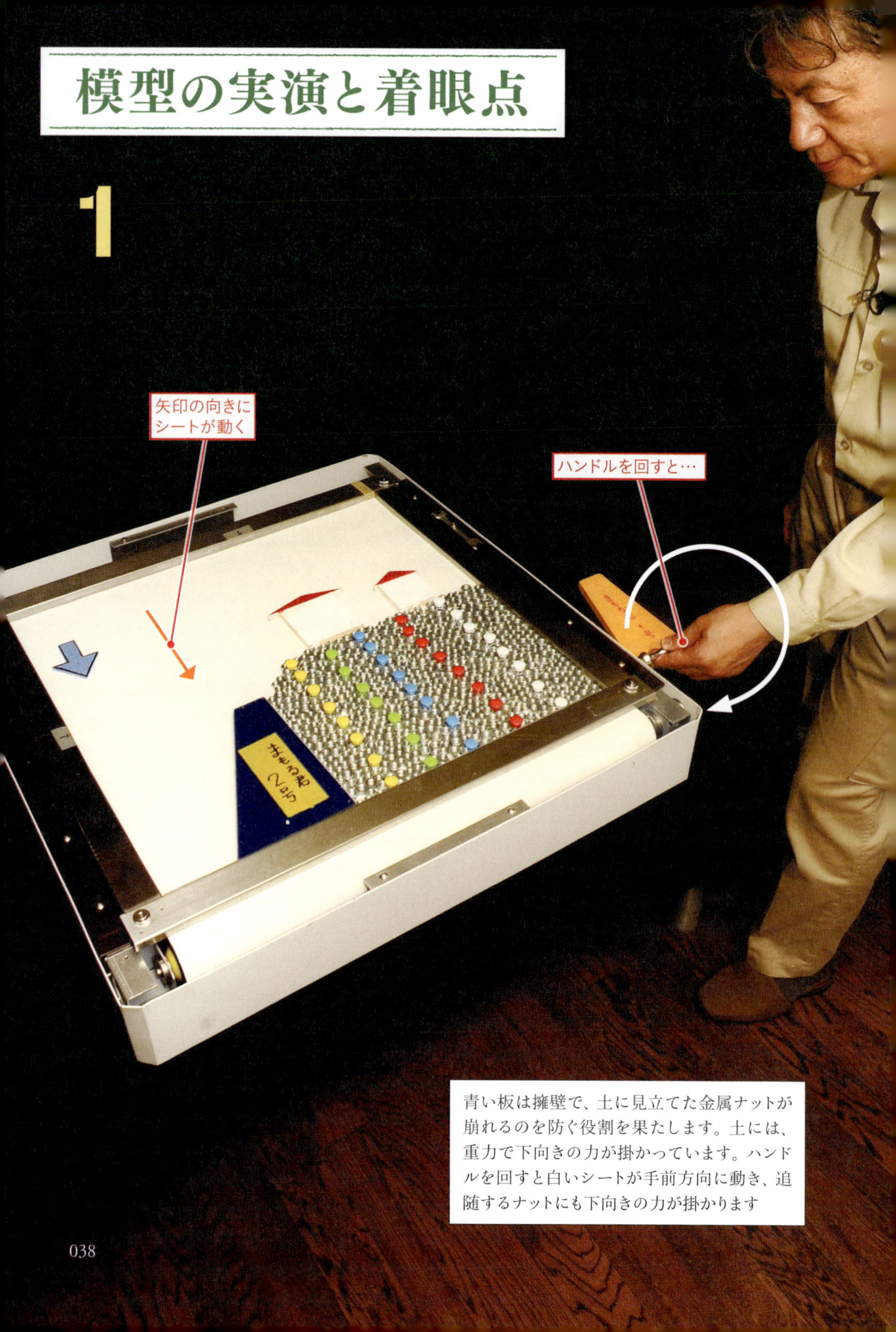

青い板は擁壁で、土に見立てた金属ナットが崩れるのを防ぐ役割を果たします。土には、重力で下向きの力が掛かっています。ハンドルを回すと白いシートが手前方向に動き、追随するナットにも下向きの力が掛かります

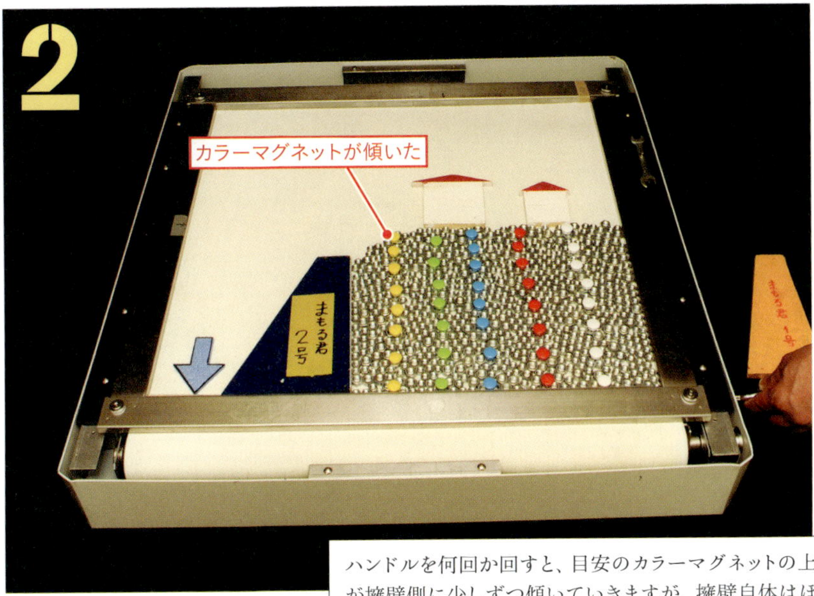

ハンドルを何回か回すと、目安のカラーマグネットの上端が擁壁側に少しずつ傾いていきますが、擁壁自体はほぼ変化なく、持ちこたえています

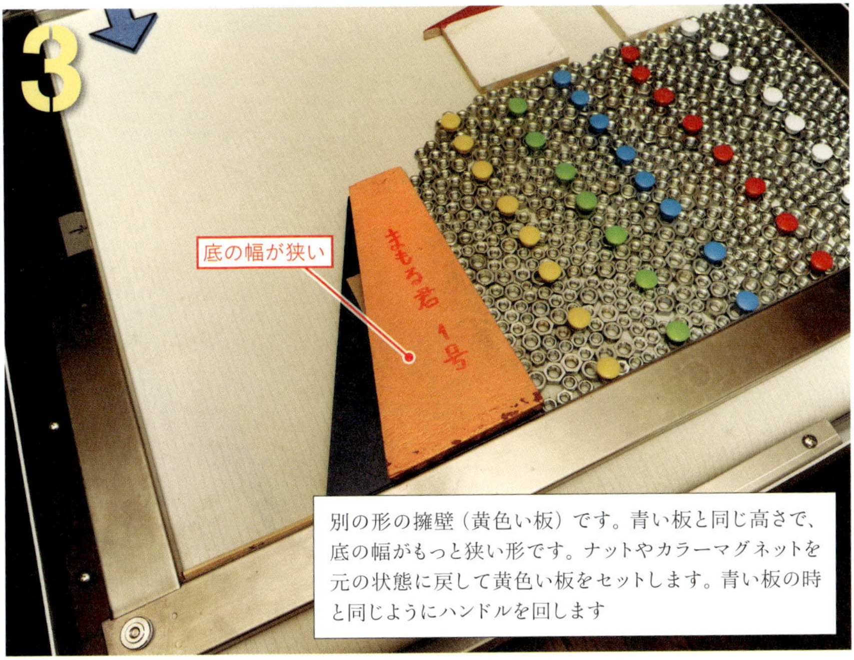

別の形の擁壁（黄色い板）です。青い板と同じ高さで、底の幅がもっと狭い形です。ナットやカラーマグネットを元の状態に戻して黄色い板をセットします。青い板の時と同じようにハンドルを回します

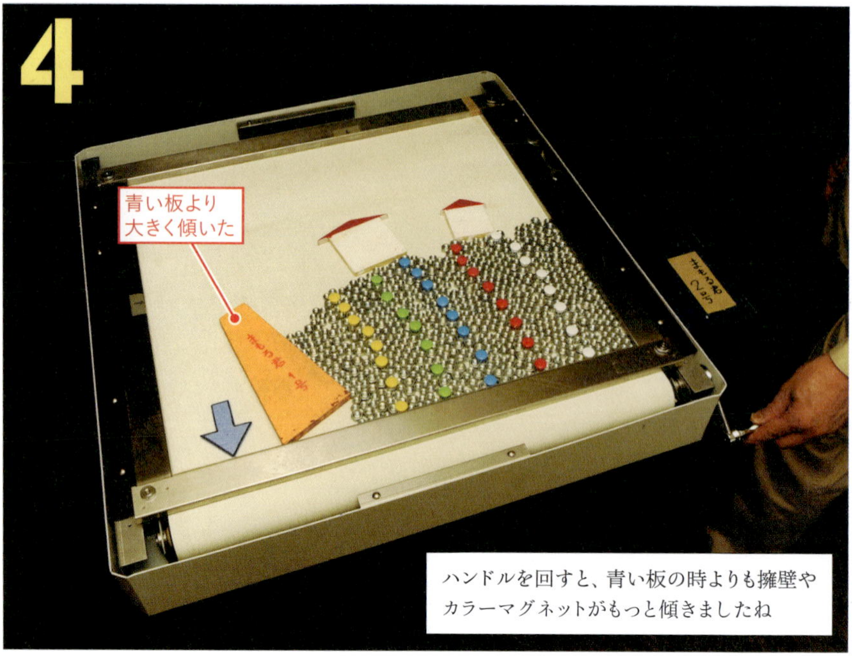

ハンドルを回すと、青い板の時よりも擁壁やカラーマグネットがもっと傾きましたね

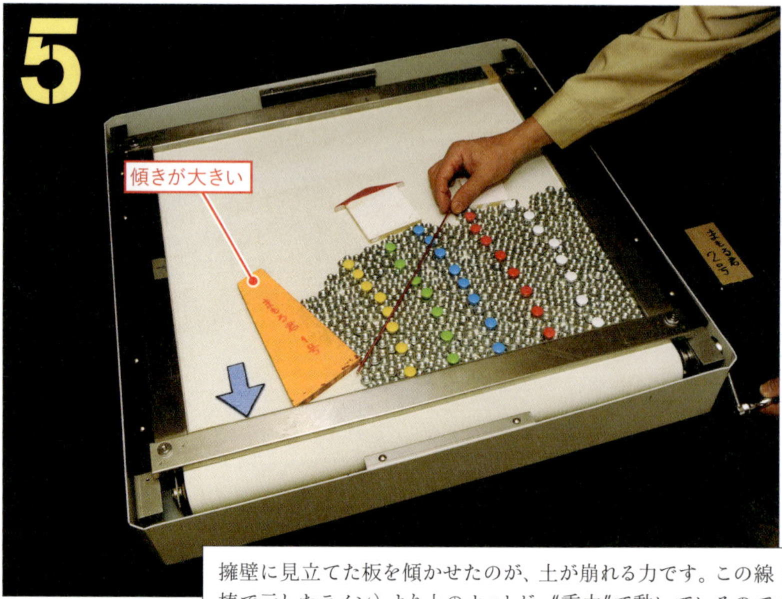

擁壁に見立てた板を傾かせたのが、土が崩れる力です。この線（赤い棒で示したライン）より上のナットが、“重力”で動いているのです。土が崩れる力は、土の性質によって異なります。土の性質を調べれば崩れる力を計算できて、それに耐え得る擁壁の形が決まるのです

模型の構造と作り方

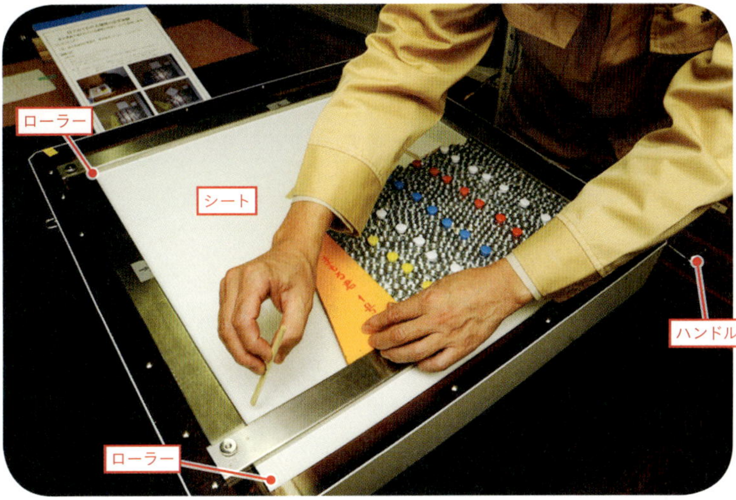

シートの動きで重力の作用を表現

筒状に巻いたシートの内側に2本のローラーを入れて、一方のローラーに取り付けたハンドルを回すと、シートがベルトコンベヤーのように動く。シート上面が手前方向に動くと金属ナット（土）が追随し、重力の作用を表現。板（擁壁）の左手に割り箸などで作ったストッパーを取り付けて横ズレを防ぎ、傾き（前傾）に注目してもらう。

土の粒子は金属ナット

ある程度重量があってシートの動きに追随しやすい素材ということで、金属ナットを土の粒子に見立てた。径の大小で3種類程度を用意した。土の粒子の動きを分かりやすく見てもらうために、カラーマグネットを何色か用意し、擁壁背後に敷き詰めたナットの上に直線に並べる。シートを動かすと当初の直線が傾いてきて、土の動きを視覚的に捉えられる。擁壁や建物の模型は、ナットと同程度の厚さの木板で作る。小さな棒は、擁壁の横ズレを防ぐストッパーで、割り箸を使っている。

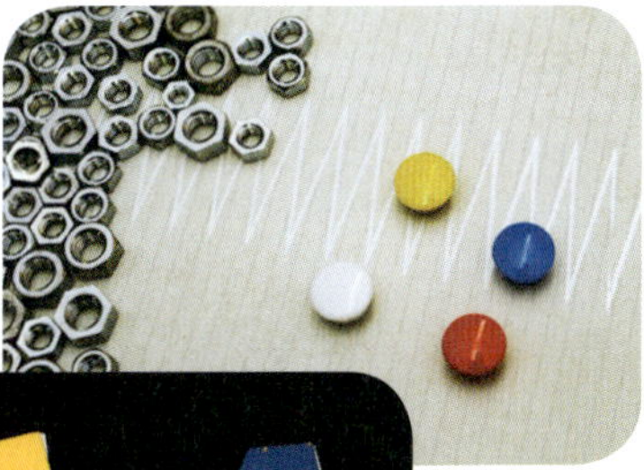

【もっと簡単に作れるタイプ】

前ページまで紹介したモデルに至る以前、試作的に製作したより簡易なタイプの模型を紹介する。金属ナットを土の粒子に見立てて、シート上面を手前方向に動かすことで重力作用を表現する点は同じだ。

下のタイプAは、画材のキャンバス地を筒状にして塩ビ管のローラーに取り付け、木枠に納めたモデルだ。ハンドル側のローラーには、すべり止めにするゴムシートを巻いてある。

次ページのタイプBはさらに簡単。筒状にしたキャンバス地を会議用長机にくぐらせるだけの模型だ。木枠は長机にガムテープなどで固定して、その木枠の内側にナットを敷き詰める（次ページの写真では割れ目のある岩に見立てた板を並べている）。動かすときは、機織り機の要領でシートを手前側に手で引っ張る仕組みだ。部材が少なくてコンパクトなので、持ち運びが最も楽なタイプでもある。

簡単なタイプA

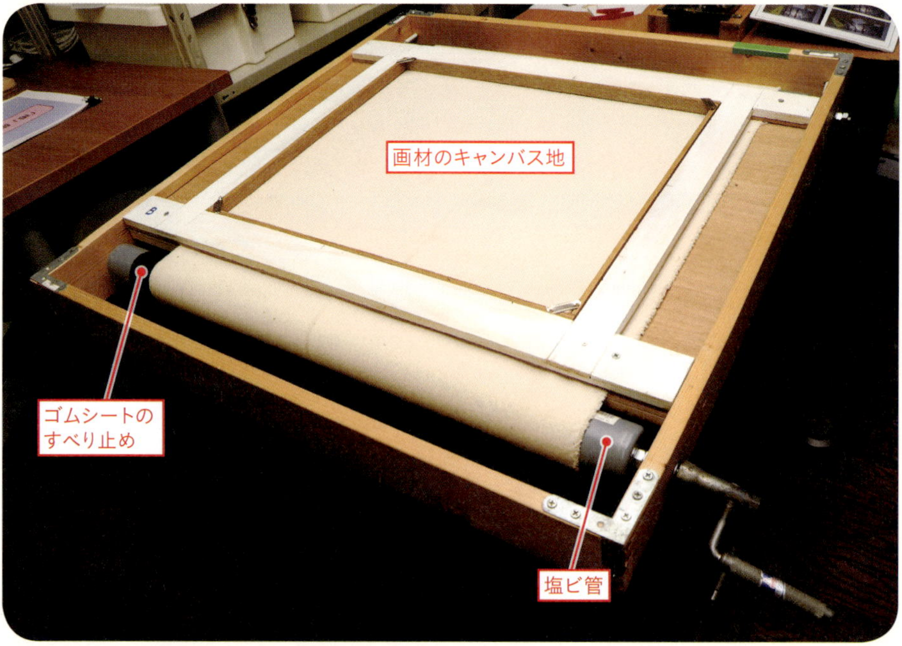

画材のキャンバス地を筒状にして、塩ビ管のローラーで回す。
ローラーにはすべり止めのゴムシートを貼り付けている

簡単なタイプB

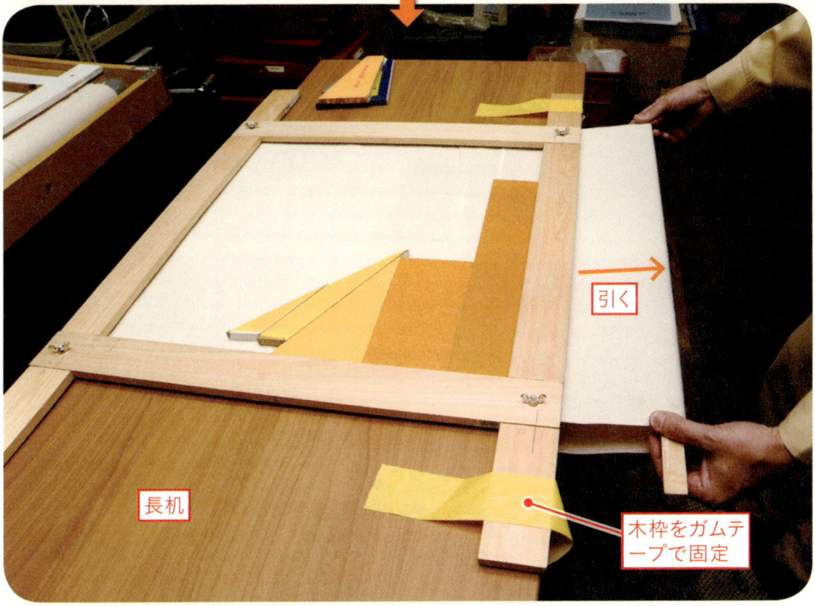

筒状に巻いたキャンバス地と会議用長机を使う。木枠はガムテープなどで長机に固定。シートを機織り機の要領で手前に引っ張ることで、重力作用を表現する

この模型のポイント

土質力学で登場する計算式が実際にどのような土の動きを表現したものなのか、具体的にイメージできていない――。経験の浅い若手技術者や土木を専攻する学生にとって、こうした実態はさして珍しくない。まして専門外の一般市民にとっては、直感的に理解するのはさらに難しい。

特に専門外の人に土木構造物がなぜ必要なのかを理解してもらうためには、まさにこうした点を分かりやすく説明する必要がある。そこが分かれば、「なぜ擁壁が必要なのか」、「どうしてあのような形なのか」といった素朴な疑問に対する答えが、十分に理解できるようになる。ひいては、土木構造物の役割や公共事業の意義を理解してもらうことにつながる。

この種の説明では、まずは現象をできるだけシンプルにモデル化することが不可欠だ。そして可能な限り、手を動かすなどして、模型実演を見ている人が“体験”できる仕掛けを用意することも欠かせない。

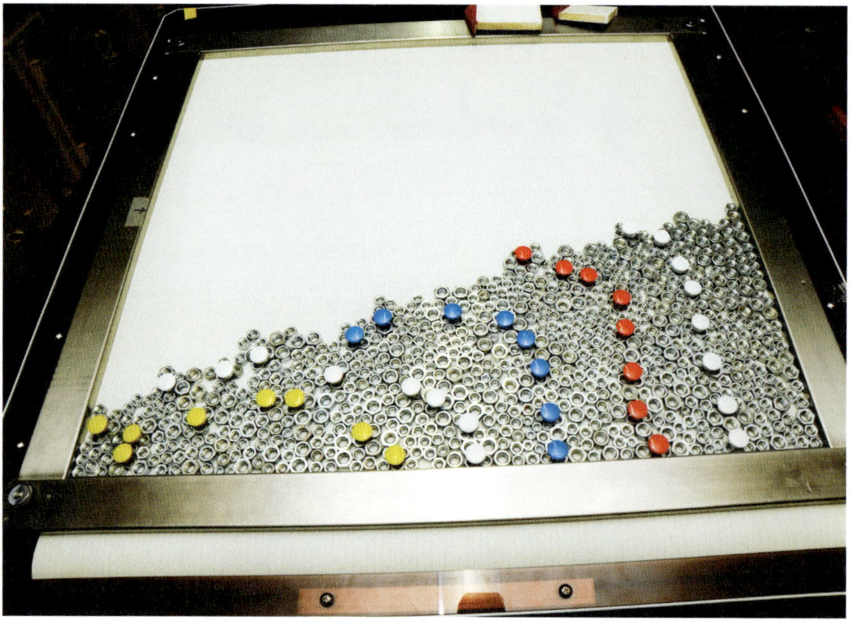

「擁壁」の板を外した状態でハンドルを回し続けると、30度程度の勾配で安定する。これは実際の土でも同様だ

この模型は小中学生などを対象にした出張講座で使うと、土の挙動とそれに対する擁壁の役割をすんなりと理解してもらえる。ハンドルを回してナットが動き、擁壁の板が傾いていくと、子供でも直感的に現象の本質を理解してくれる。また若手技術者や土木系学生向けに実演する機会も多いのだが、「学校で習った計算式が具体的にこういう動きを指していると初めて分かった」と感想をもらうことが少なくない。

盛り土の「安定勾配」も再現

38〜40ページの「模型の実演と着眼点」で紹介した基本的な流れに加えて、様々な応用実験も可能だ。例えば前ページ下の写真のように、擁壁がない状態でハンドルを回し続けると、土の粒子に見立てたナットはおおむね30度の勾配で安定する。これは実際の土でも同様だ。このように、盛り土の安定勾配にまで、テーマを広げることができる。

05
地盤の支持力とは？

大学や高等専門学校などで土質力学の講座の際に、
アルミ棒を使って土の粒子の挙動を学ぶ実験がある。
この模型はアルミ棒の代わりに切りそろえたパスタを使い、
地上構造物の重量に伴う地中の影響範囲のイメージがつかめる。

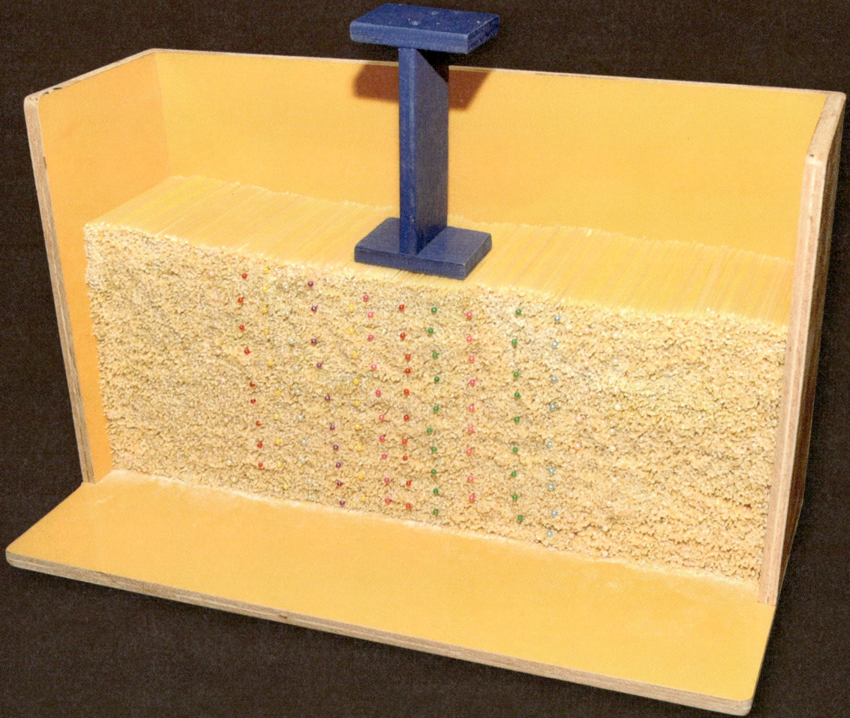

模型の実演と着眼点

1

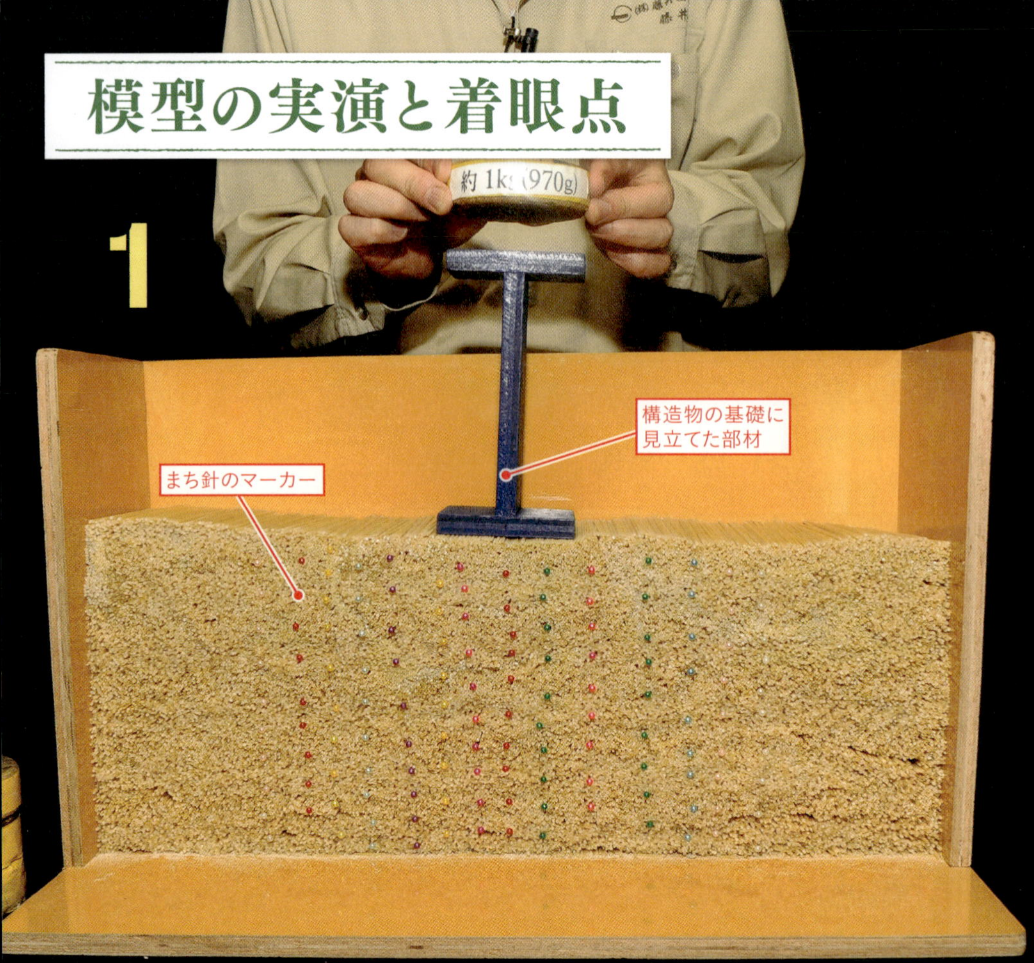

上に構造物がある場合、地盤にどのような力が作用するのか、実験します。切りそろえたパスタを土の粒子に見立てて積み上げ、地盤の中を再現しました。まち針でマーカーを付けておきます。この青い部材を構造物の基礎に見立てて、上に重りを載せます

上に重りをゆっくり載せていきます。重りを3個載せました。マーカーのまち針が少しずつ動いていることに注目して下さい

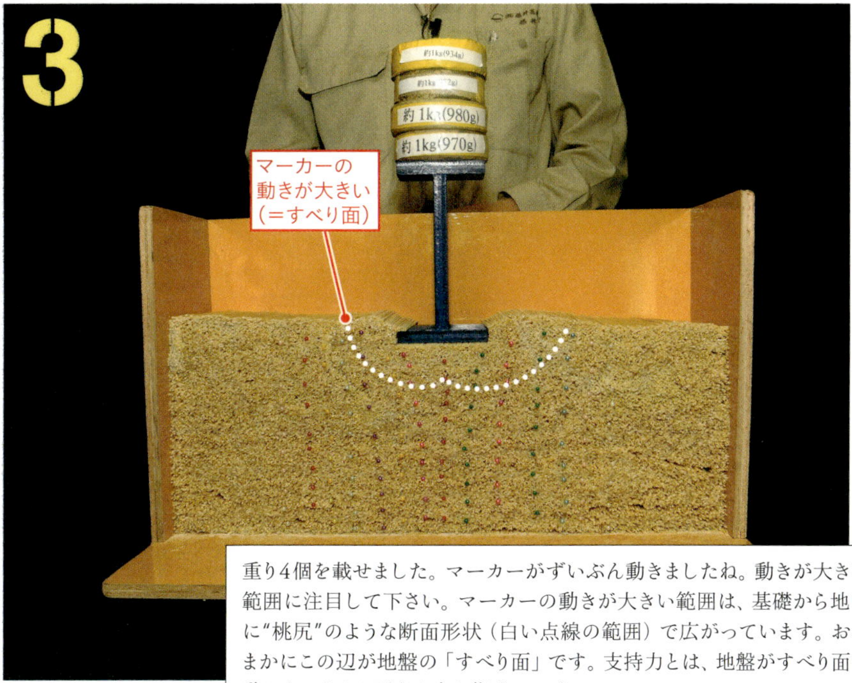

重り4個を載せました。マーカーがずいぶん動きましたね。動きが大きい範囲に注目して下さい。マーカーの動きが大きい範囲は、基礎から地中に“桃尻”のような断面形状（白い点線の範囲）で広がっています。おおまかにこの辺が地盤の「すべり面」です。支持力とは、地盤がすべり面で動かないように耐える力を指すのです

フーチングの幅がより大きい基礎（黄色の部材）で試してみましょう。より重い重りを載せてみます

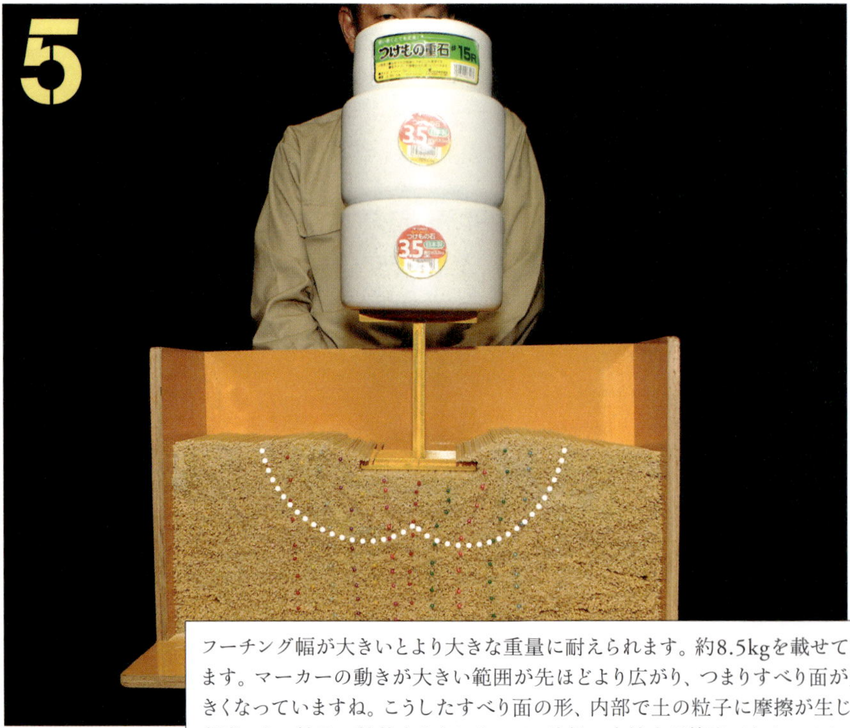

フーチング幅が大きいとより大きな重量に耐えられます。約8.5kgを載せています。マーカーの動きが大きい範囲が先ほどより広がり、つまりすべり面が大きくなっていますね。こうしたすべり面の形、内部で土の粒子に摩擦が生じる角度、土の粒子の粘着力などによって、地盤の支持力が算出できるのです

模型の構造と作り方

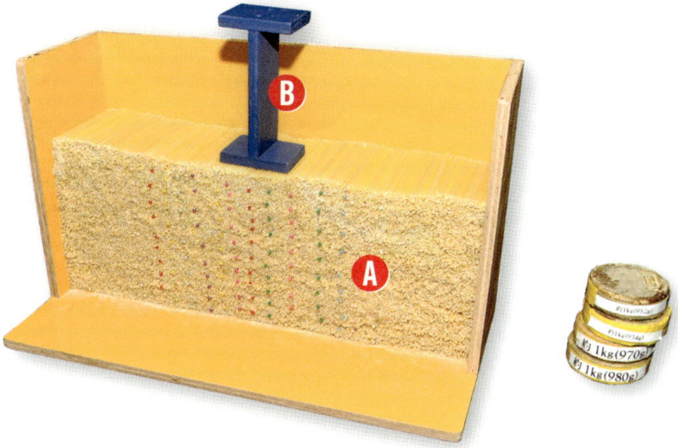

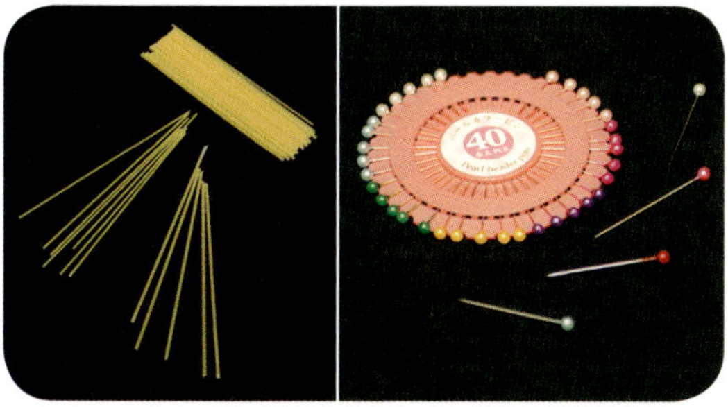

A 太さの違うパスタを混ぜて土粒子を再現

ケースは型枠用の塗装コンパネ製。太さが違うパスタを3種類ほど、長さ20cm程度に切りそろえる。この模型では合計約33kgのパスタ（量販店で約6500円で購入）を使用。数色のまち針をマーカー代わりに使う。あらかじめパスタの束へ鉛直方向に一列に刺しておく。

B フーチング幅の違うタイプを用意

基礎に見立てる部材（左手の写真）は木製で、フーチング幅の大小で2種類用意。重りは、小さい方は鋼材を切って作った（中央の写真）。大きい方（右手の写真）は漬け物用の市販品を利用。

この模型のポイント

土木工学を学んだ人なら、この模型実験は馴染みがあるだろう。土質力学の講義や実習ではしばしば、アルミ棒を使って同様の実験が行われる。アルミ棒よりもっと廉価に、そして簡単に手に入るパスタで、同じような実験ができないかと考えて作ったのがこの模型だ。

重りを積んでいくとその荷重によって、マーカー代わりに刺したまち針のラインが徐々に変形していく。荷重に対する地盤の挙動を実物で見ることはできない。それを再現することがこの模型の狙いだ。土質力学の過程を履習していない人は、アルミ棒の実験を見た経験がないので、より新鮮に感じてもらえるのである。

若手技術者や土木系の学生にとって、支持力の計算手法などを学ぶ際にこうした模型を教材として使えば、より理解しやすいはずだ。

公式の理解にも役立つ

地盤の極限支持力は、すべり面の形状と土のせん断定数で決まる。せん断定数は一般に内部摩擦角φと粘着力cで表現される。次ページに示したのは、広く使われている「テルツァーギの支持力公式」と、その前提となる図だ。この考え方では、構造物直下のくさび形部分（図でabcの範囲）が、下方向に地盤を左右に押し広げるように作用する。図で橙色の線（d1とc、d2を結ぶ線）が、模型実験でパスタが動く範囲に当たる。

式の第1項は「土の粘着力による抵抗力」で、模型実験では再現できない。パスタ（土の粒子）間に、いわば糊が付いているようなイメージだ。同じく第2項は、「根入れ深さによる抵抗力」を表す。模型実験で構造物の基礎に見立てた部材に上から力を加えると、「押し込む力」が大きくなる。荷重q（＝土の単位体積重量γ×根入れ深さh）が大きくなる状況である。

第3項は「内部摩擦角φによる抵抗力」。構造物の基礎など（次ページ上の図中央で斜線の箇所）の幅Bが広がると、動く土の範囲も大きくなる。したがって、内部摩擦角φによる抵抗力も大きくなる。模型実験で大小2種類の基礎に見立てた部材を使って比較したが、フーチング幅がより大きい方が、パスタが動く範囲が大きく、押し込むときにより力が掛かる。式の第3項は、それを示している。

土が破壊するときのつりあい状態のイメージ

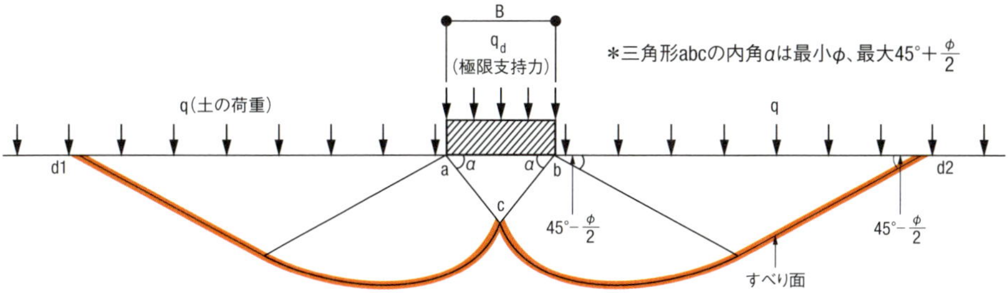

［テルツァーギの支持力公式］

$$q_d = cN_c + qN_q + \frac{\gamma B}{2} N_\gamma$$

- cN_c：土の粘着力による抵抗力
- qN_q：根入れ深さによる抵抗力
- $\frac{\gamma B}{2} N_\gamma$：内部摩擦角φによる抵抗力

q_d＝極限支持力

γ＝土の単位体積重量

B＝地盤の上に載る構造物（基礎など）の幅

N_c、N_γ、N_q＝いずれも支持力係数（内部摩擦角φの関数）

【地盤の動きを図示する】

構造物の重量が地盤にどのように影響し、それに対して地盤はどう動くか――。実験を見る人により直観的にイメージしてもらうために、あらかじめ右下のようなパネルを見せるのも効果的だ。

パネルAを見せて、まず「ぬかるみで靴が沈み込むイメージです」、「靴裏の面積、体重、それに対する地盤の固さが関係してきます」と説明。靴裏の面積と体重に対して、地盤の固さが十分でないから沈み込むと説明する。その際の地盤のおおまかな動き方を示すイラストだ。

続けて、「この場合はかかと付近に重量が掛かり、地盤は白い矢印のように動きます」、「パネルAの右側で橙色の部分が、動いた地盤の範囲です」と説明を加える。このイメージが、「模型の実演と着眼点」（48～50ページ）で指摘した「すべり面」の理解につながる。

次にパネルBで、構造物の基礎に見立てた部材の挙動を説明。青い点線は小さい方の部材、赤い点線は大きい方のすべり面を示す。それぞれフーチングの左右両端から円弧を描くようにすべり面が生じ、土が動く範囲は全体として“桃尻”のような形状になるとイメージできる。

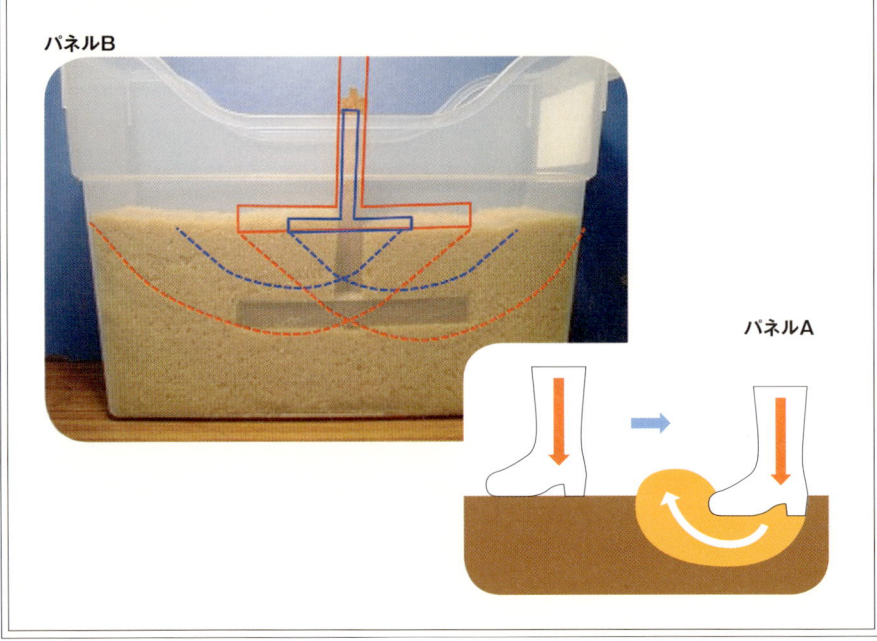

パネルB

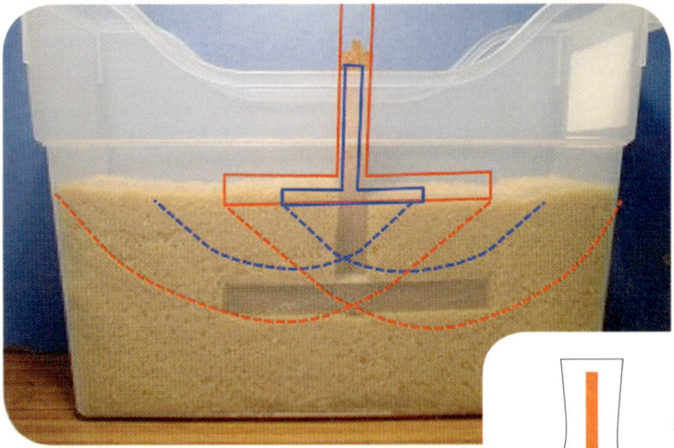

パネルA

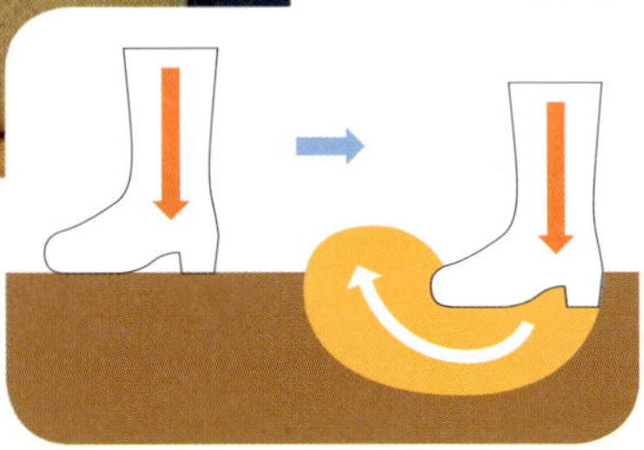

06
地すべりで土はどう動く？

04章で紹介した回転シートの模型を使って、
地すべりの際に土がどのような挙動を示すかを再現する。
地中に「すべり面」がある場合とない場合でどう違うかや、
押さえ盛り土などの対策工の効果についても確認できる。

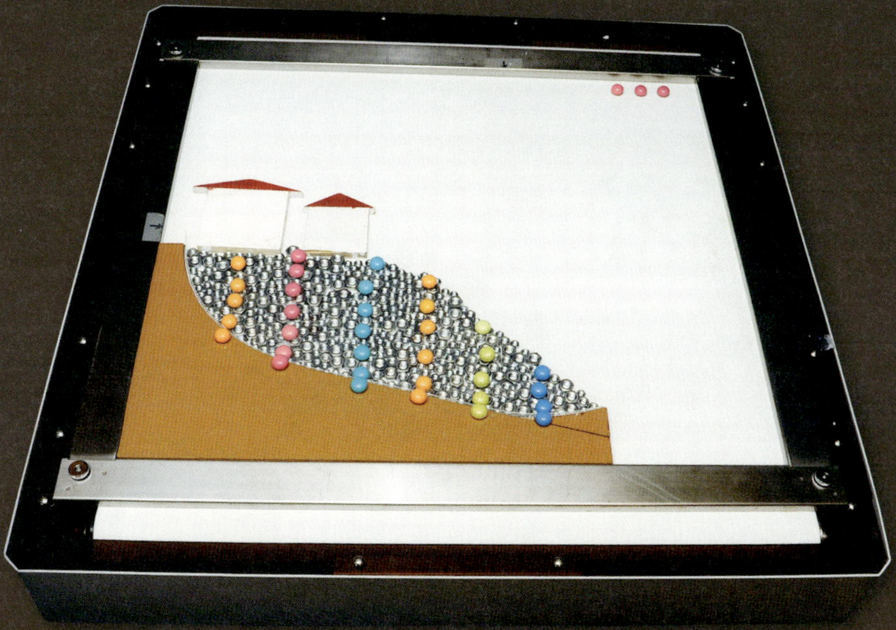

模型の実演と着眼点

1

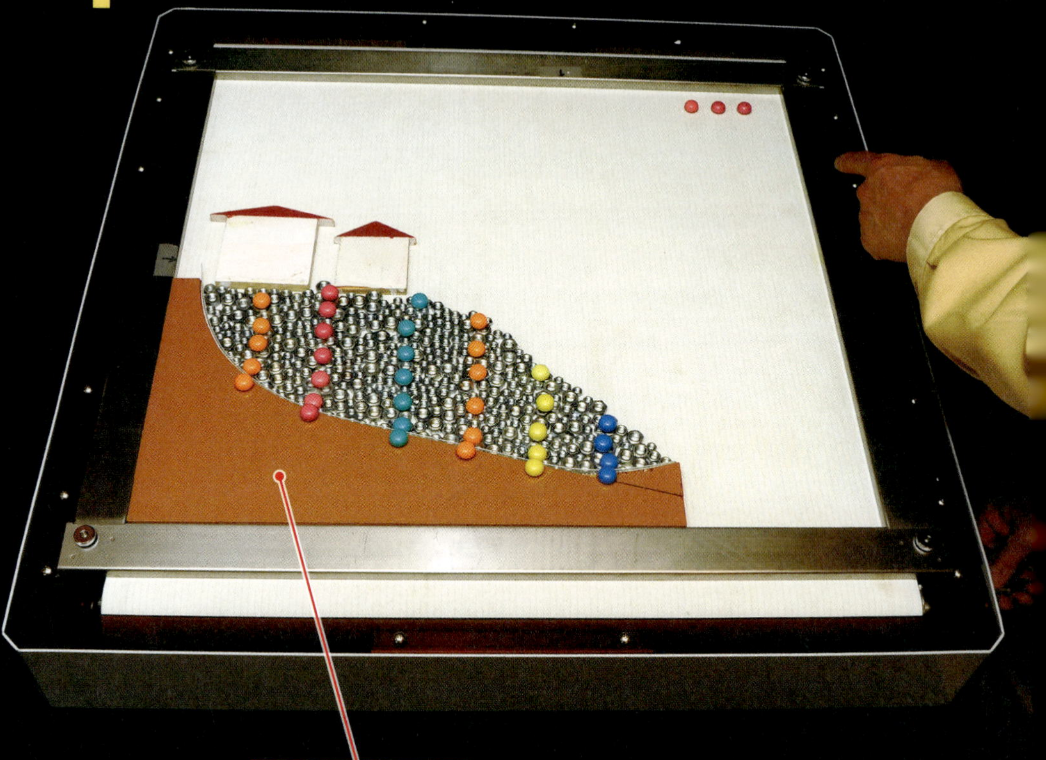

向かって右手前にあるハンドルを回すと、白いシートが手前方向に動き、土の粒子に見立てた金属ナットが追随します。このナットは、固い地盤の上に載った軟らかい土の粒子に見立てています。下の茶色い部分が、木の板で作った「安全な固い地盤」です

2
プラ板製の
「すべり面」

ナットと木の板の間に、帯状に切ったプラスチックの板を挟んでいます。地すべりしやすい箇所では、軟らかい土と固い地盤との間がこすれて、バナナの皮のようにすべりやすい層ができています。それが「すべり面」。このプラ板は「すべり面」を再現する部材です

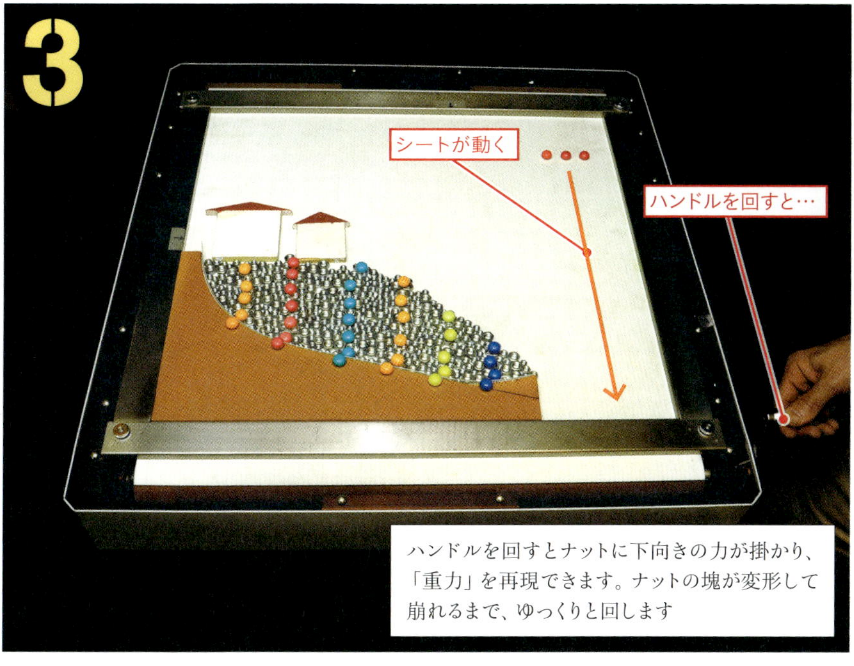
3
シートが動く
ハンドルを回すと…

ハンドルを回すとナットに下向きの力が掛かり、「重力」を再現できます。ナットの塊が変形して崩れるまで、ゆっくりと回します

4

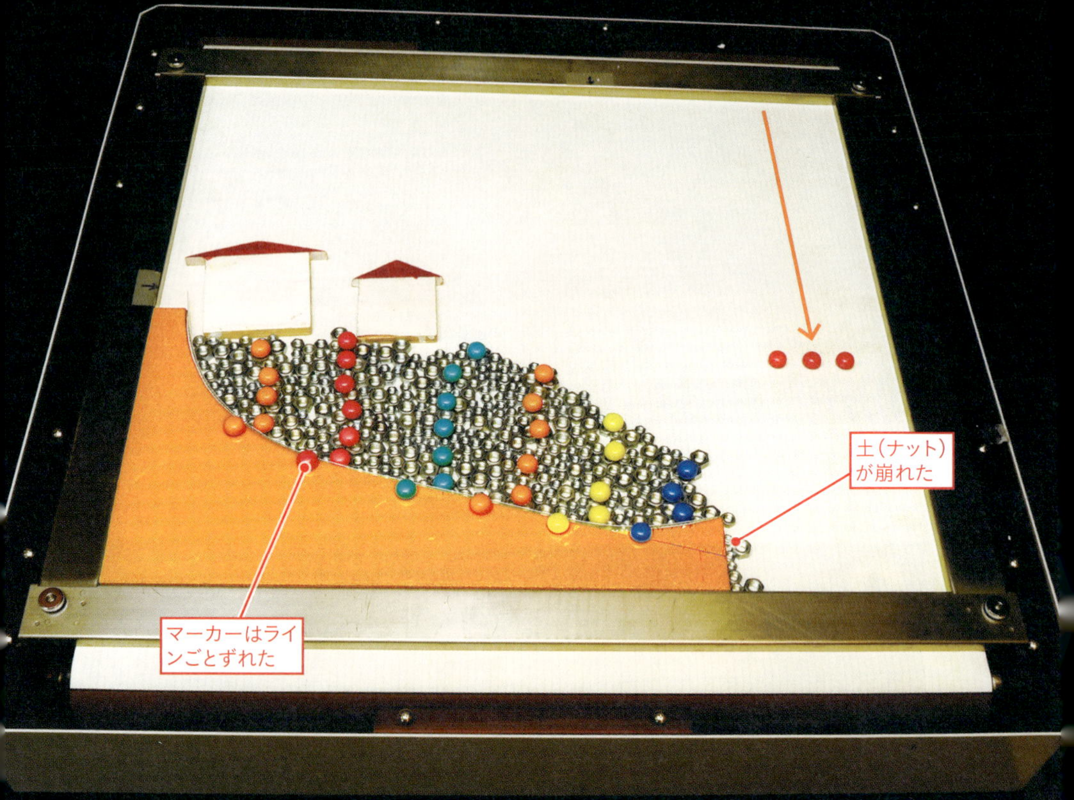

土（ナット）が崩れた
マーカーはラインごとずれた

固い地盤（木の板）の上層の土（ナット）が、塊ごとずれて崩れてきたのが分かりますね。マーカーにしたカラーマグネットのラインがどのように変形したかで、この崩れ方を覚えていてください

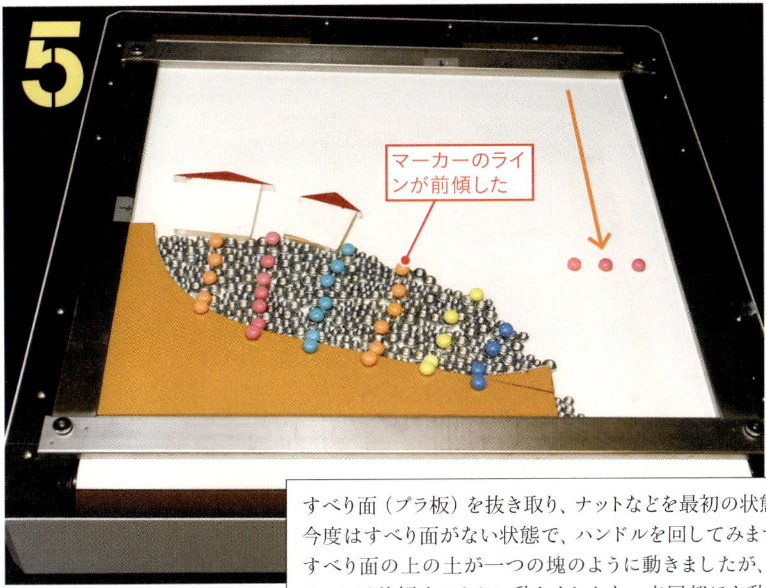
5
マーカーのラインが前傾した

すべり面（プラ板）を抜き取り、ナットなどを最初の状態に戻します。今度はすべり面がない状態で、ハンドルを回してみます。先ほどはすべり面の上の土が一つの塊のように動きましたが、今度はマグネットが前傾するように動きましたね。表層部ほど動きが大きく、固い地盤に接しているところほど動きが小さいことが分かります

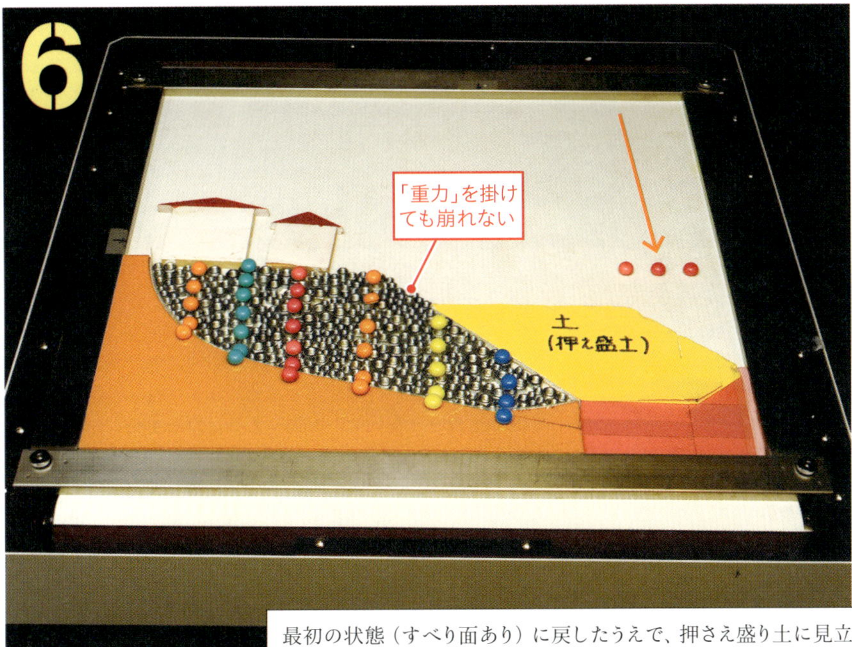
6
「重力」を掛けても崩れない
土
(押え盛土)

最初の状態（すべり面あり）に戻したうえで、押さえ盛り土に見立てた板を置きます。ハンドルを回しても、ナットの塊は変形しません

模型の構造と作り方

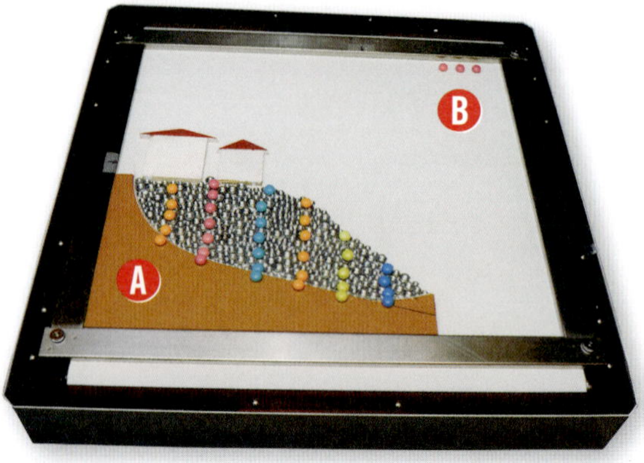

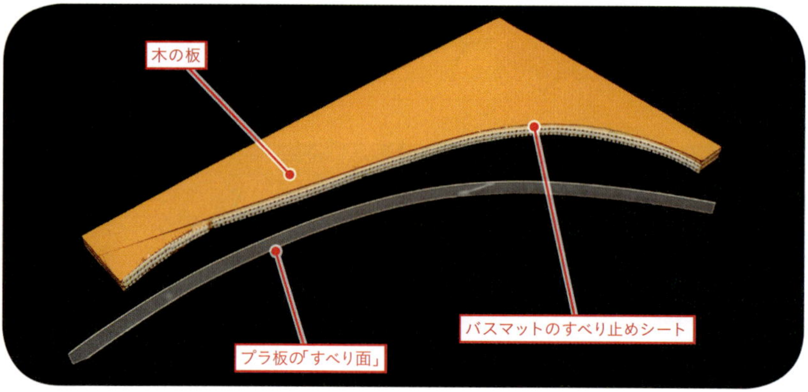

A すべり面はプラ板で、「すべり止め」も付ける

固い地盤に見立てた木の板には、上層側にバスマットのすべり止めシートを細く切ったものを張る。上の写真では、上層側を見やすいように上下逆に置いている。板の厚さは、ナットより少し厚めに。すべり面は、細く切ったプラ板だ。すべり止めはプラ板自体がすべらないようにするほか、プラ板を外せば、すべり面がない状態の土の挙動を再現できる。

B 動くシートにナットが追随、「重力」が掛かった状態に

この模型は、04章のバリエーションだ。筒状に巻いたシートの内側に2本のローラーを入れて、一方のローラーに取り付けたハンドルを回すと、シートがベルトコンベヤーのように動く。シートを手前方向に動かすと金属ナットが追随し、重力が掛かった状態を再現する。

この模型のポイント

地すべり現象では、土の中に「すべり面」があると上層の土塊が大きく一気に動く。すべり面がないと、表層部の動きが主体となる。そうした土の挙動の違いを表現したのが、この模型だ。

固い地盤の上層が何度も動くと、境目がこすれてごく小径の土粒子の層を形成する。おおまかに言えば、これがすべり面だ。主に粘土層で形成されており、その厚さは数センチの場合もあれば、1m前後に達するケースもある。

すべり面の有無、すなわち土が動く可能性のある範囲を地盤の表層部だけとみるか、もっと深いところにすべり面があるとみるかによって、選ぶ工法や仕様も違う。一般に後者のほうが大掛かりになり、その分、コストも高くなる。

表層部だけの動きとみて対策工法を選定したが、実際には地中のすべり面上層が一気に崩れて、対策の効果を発揮できなかった——。こうしたケースは決して珍しくない。逆に、地盤状況に対して過剰な対策を講じるのは余分なコスト増を招く。

すべり面の有無や状態は、地質調査会社などの技術者でも、時に見誤る。熟練技術者は周辺地形の観察やボーリング調査の分析で、ある程度は予測できるようになる。例えばボーリングで、すべり面がない地盤は表層から深部にかけて徐々に固くなる。しかし、その途中で急に軟らかい層が出ると、すべり面の存在が疑われる。

アンカーによる対策工も再現

地すべりの対策工として、「模型の実演と着眼点」では押さえ盛り土の例（59ページ）を紹介した。この模型では次ページ以降の写真のように、アンカーによる対策工の効果も実演できる。対策工用に用いるパーツは、02章の「雨降って山が崩れる仕組み」で少しだけ紹介したものと、サイズが異なるだけで、原理は同じものだ。

受圧板の役割を果たす部材に穴を開けて、アンカーに見立てた針金の一方の先端を少し折り曲げて差し込む。針金のもう一方を粘着テープで「固い地盤」側に留め付ける。この状態で模型のハンドルを回しても、金属ナットの地山は崩れない。

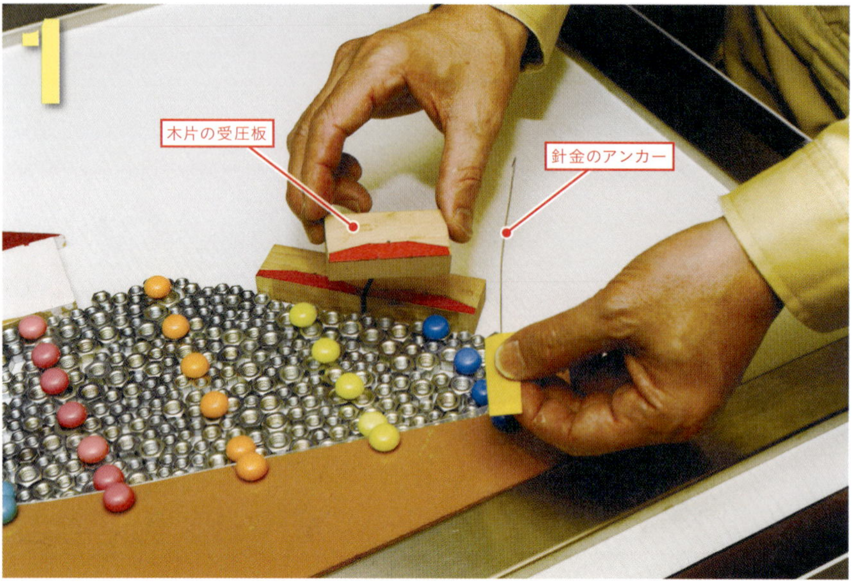

アンカーによる対策工を模型で再現する。木片の受圧板と、針金のアンカーを組み合わせてセットする

アンカーは一方の先端を5mm程度折って、受圧板の穴に差し込む。もう一方は、固い地盤にビニールテープで留めて固定する

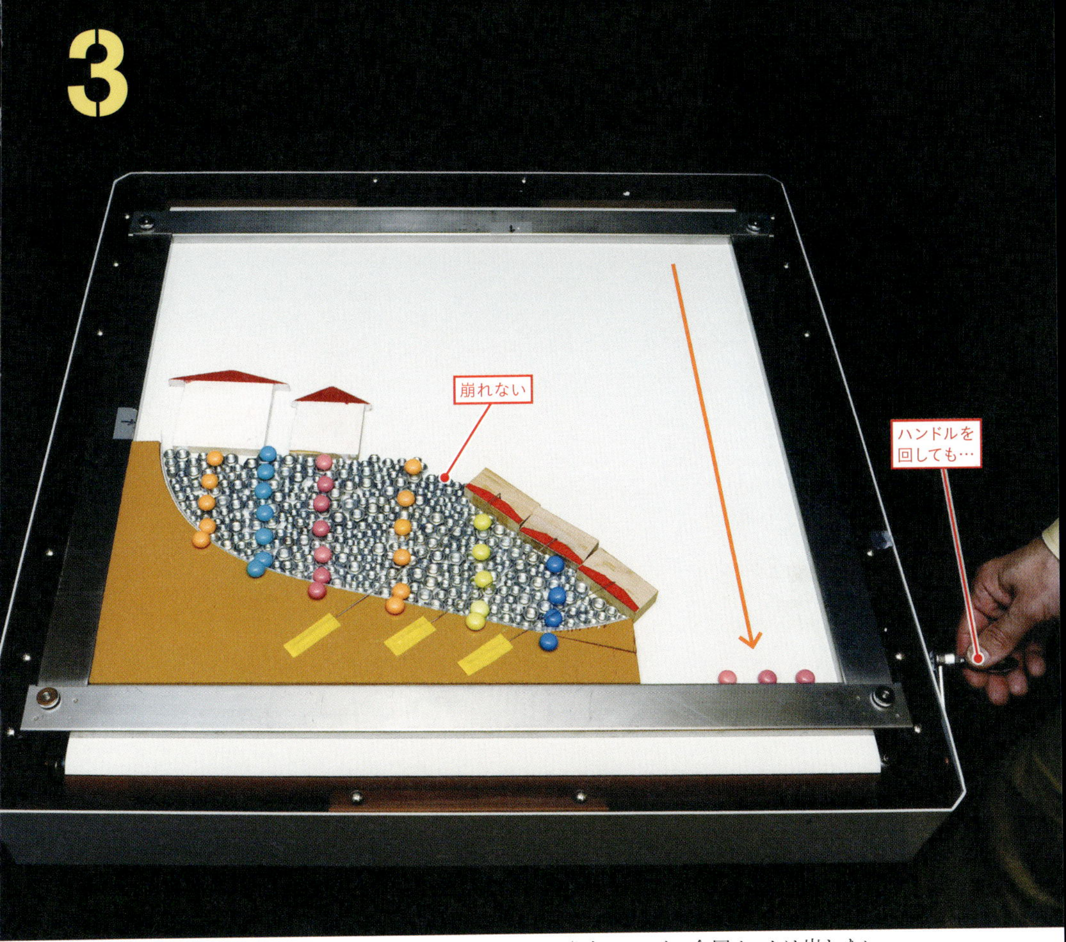
3
崩れない
ハンドルを
回しても…

この状態でハンドルを回し、シートを動かして「重力」を発生させても、金属ナットは崩れない

07
ジオテキスタイルって何？

模型の中に見える緑色の物質は、お手製のスライムだ。
これを軟弱地盤に見立てて、構造物の荷重による沈下を再現する。
模型の手前は透明のアクリル板で、ジオテキスタイルの有無などによる
沈下の様子の違いを視覚的に理解できる。

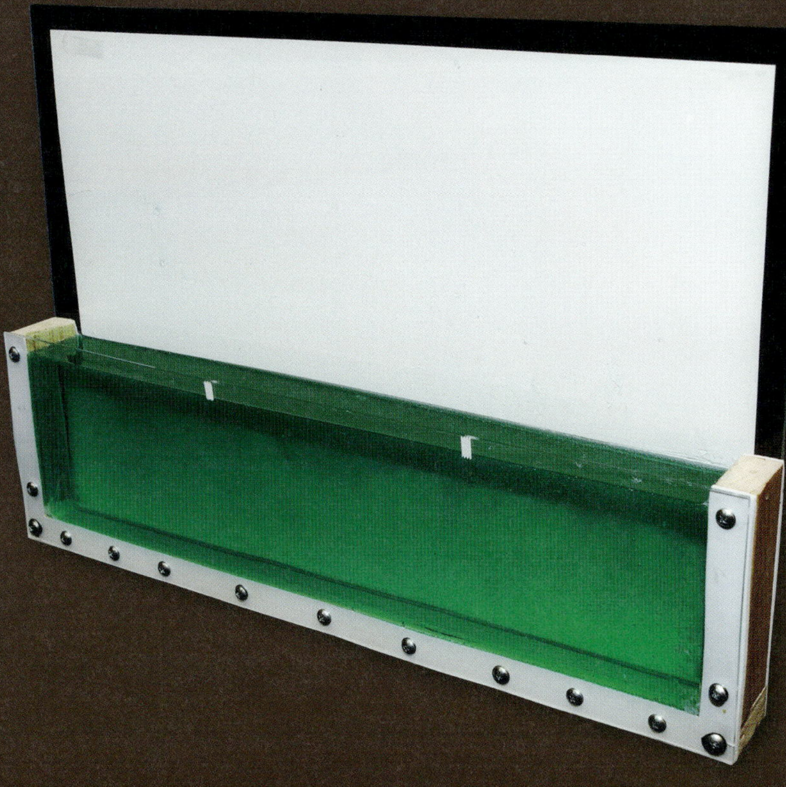

模型の実演と着眼点

1

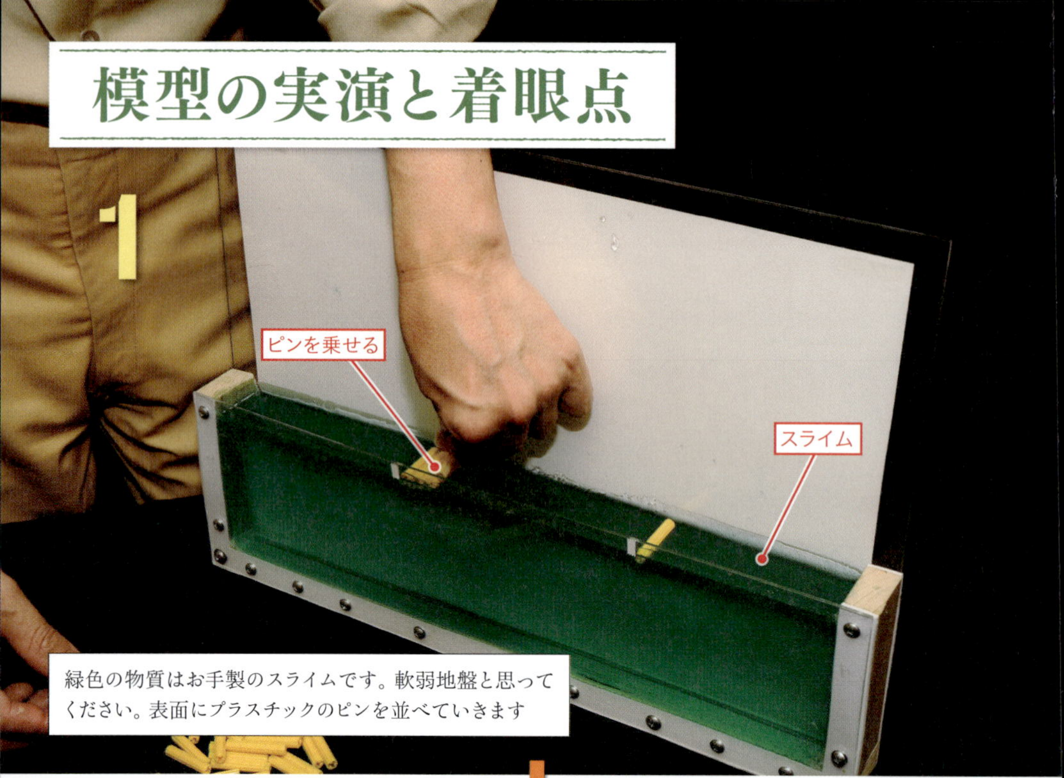

緑色の物質はお手製のスライムです。軟弱地盤と思ってください。表面にプラスチックのピンを並べていきます

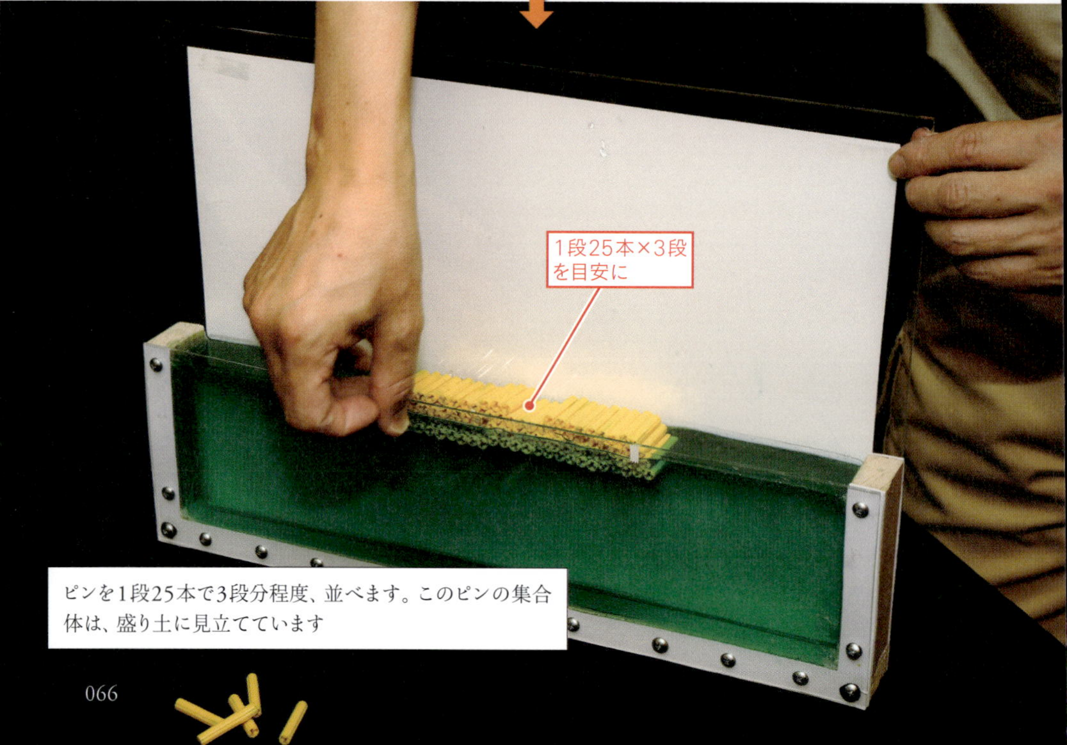

ピンを1段25本で3段分程度、並べます。このピンの集合体は、盛り土に見立てています

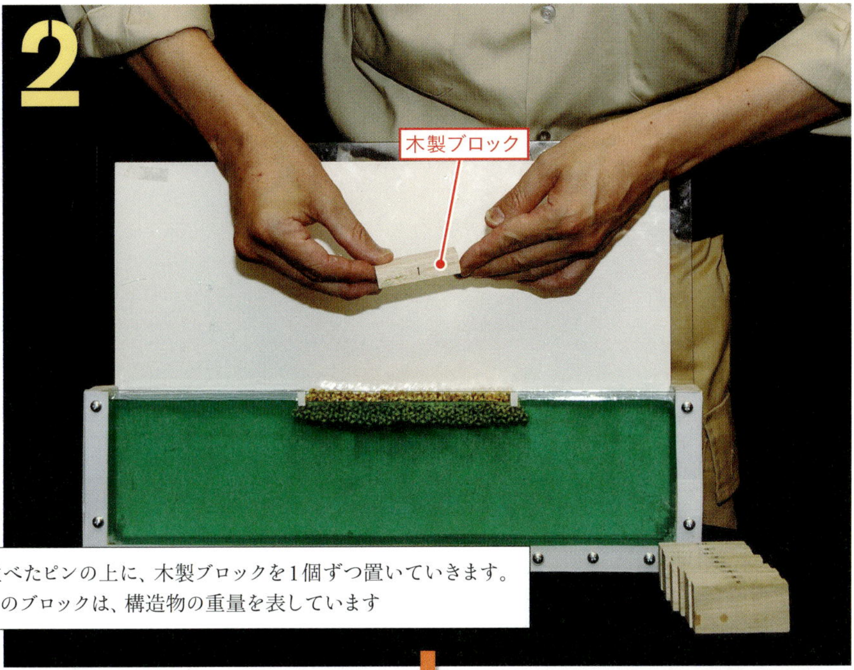

並べたピンの上に、木製ブロックを1個ずつ置いていきます。このブロックは、構造物の重量を表しています

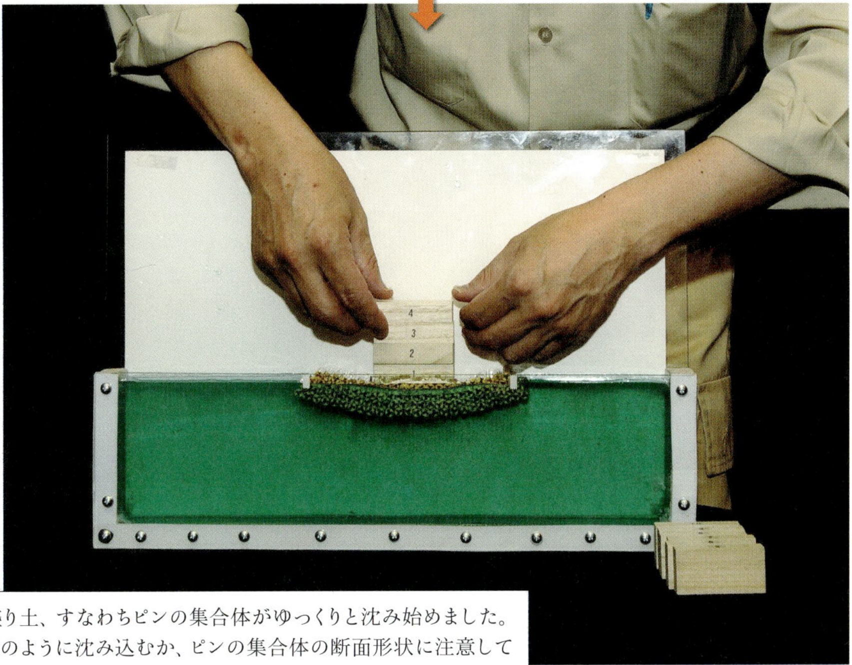

盛り土、すなわちピンの集合体がゆっくりと沈み始めました。どのように沈み込むか、ピンの集合体の断面形状に注意して見ていてください

3

ブロックを10個まで載せました。このようにピンはブロックの直下だけがぐっと沈み込みました。ピンの最下層では隙間が拡がり、スライムが入り込んでいます

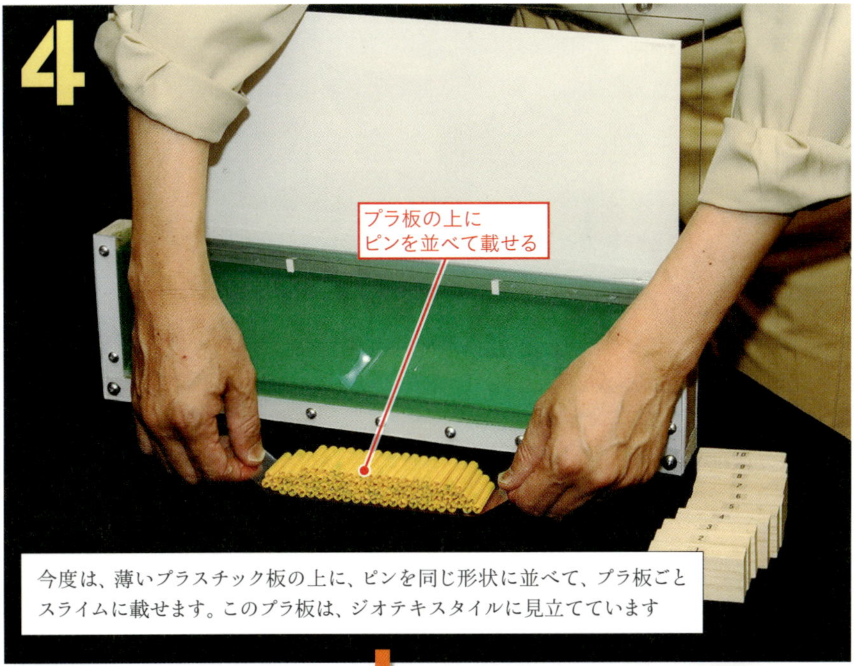
4
プラ板の上に
ピンを並べて載せる

今度は、薄いプラスチック板の上に、ピンを同じ形状に並べて、プラ板ごとスライムに載せます。このプラ板は、ジオテキスタイルに見立てています

沈み込みが浅く
ピンの塊が崩れない

同じ数のブロックを積みます。ピンの集合体がしなる形で沈み、沈み込みが先ほどより小さいことが分かりますね

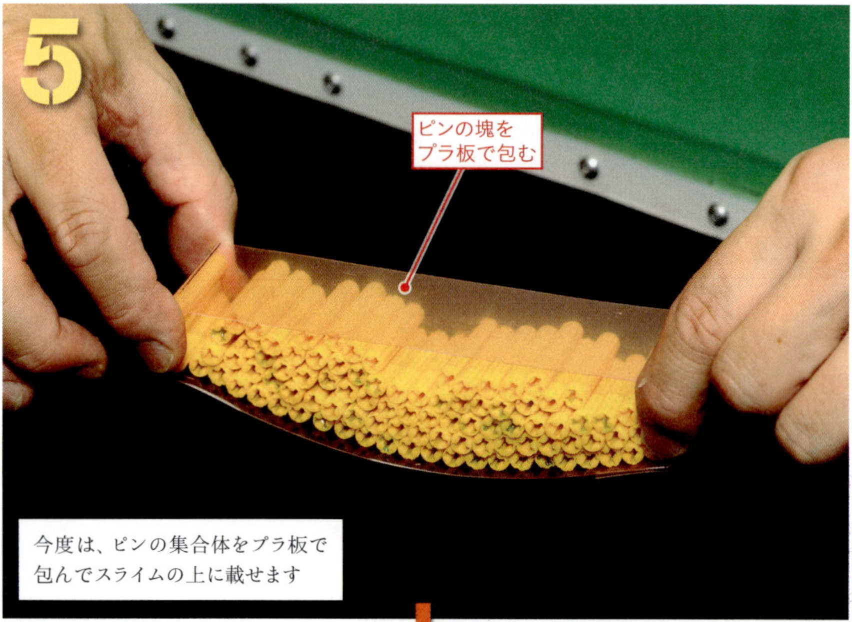

今度は、ピンの集合体をプラ板で包んでスライムの上に載せます

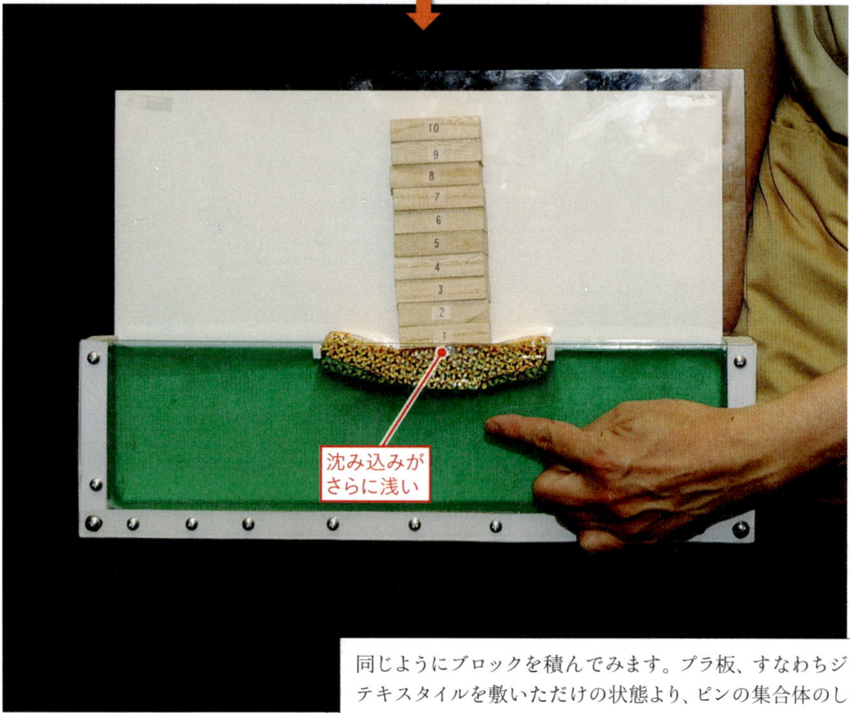

同じようにブロックを積んでみます。プラ板、すなわちジオテキスタイルを敷いただけの状態より、ピンの集合体のしなり方がさらに小さく、沈み込みも小さいですね

模型の構造と作り方

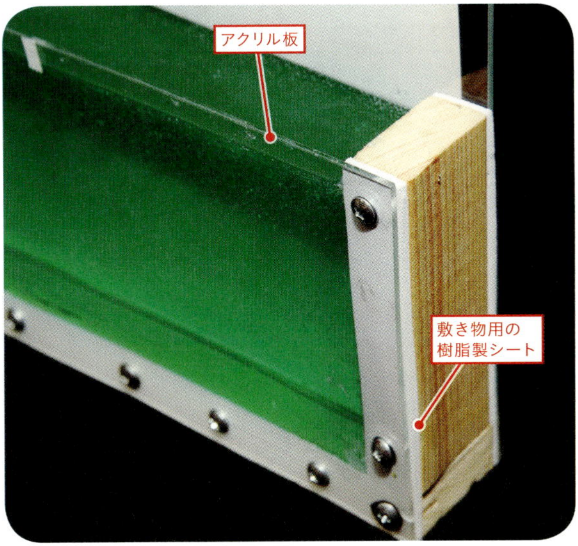

分解しやすさとシール性を確保

模型本体は、木製角材とアクリル板を使って製作。使用後の洗浄を考慮して分解しやすくする必要がある一方、スライムを入れることから、接合部のシール性能も重要になる。シールに使った樹脂製シートは、最近流行の「ヨガマット」だ。樹脂系素材なので、ネジを締め付けるとぴっちりと密着する。加工もしやすい。

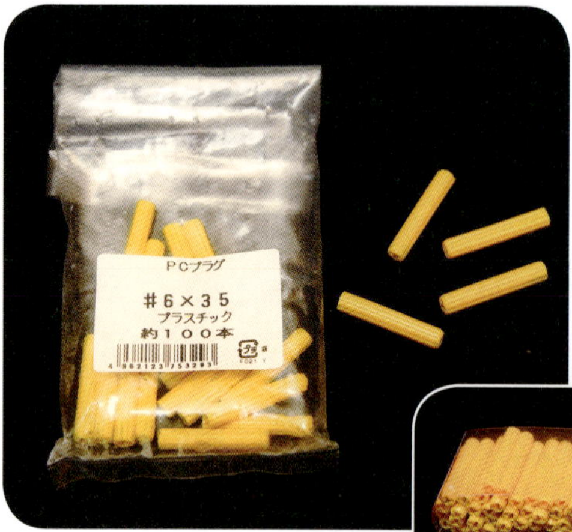

ピンは「PCプラグ」を利用

盛り土に見立てるピンは、いわゆる「PCプラグ」（コンクリートや石材などへネジ止めする際に用いるプラスチック製の補助部材）だ。他のものでも良いのだが、既製品のサイズがちょうど良く、見た目もきれいなので使った。

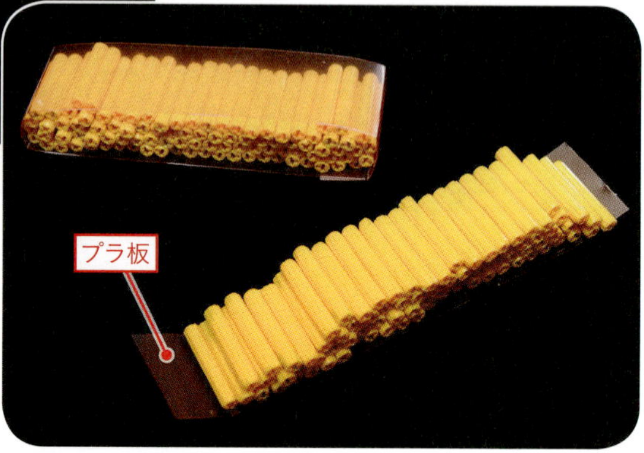

ブロックは形と大きさをそろえて

ジオテキスタイルの有無などの条件を変えてピンの形状変化を見せる模型なので、重りの木製ブロックも、形や大きさがそろったものを使う必要がある。番号を振っておくと分かりやすい

ホウ砂と洗濯のり、水でスライムができる

スライムは目の消毒などに用いるホウ砂と洗濯のり、少量の水でできる（下に参考レシピ）。ホウ砂は薬局で手に入る。製法は子供向けの科学実験本などでしばしば紹介されており、ネットでも検索できる。軟弱地盤に見立てるのにちょうどよい軟らかさだ。そのままでは白っぽい半透明なので、視認性を高めるために食紅で色付けするといい。

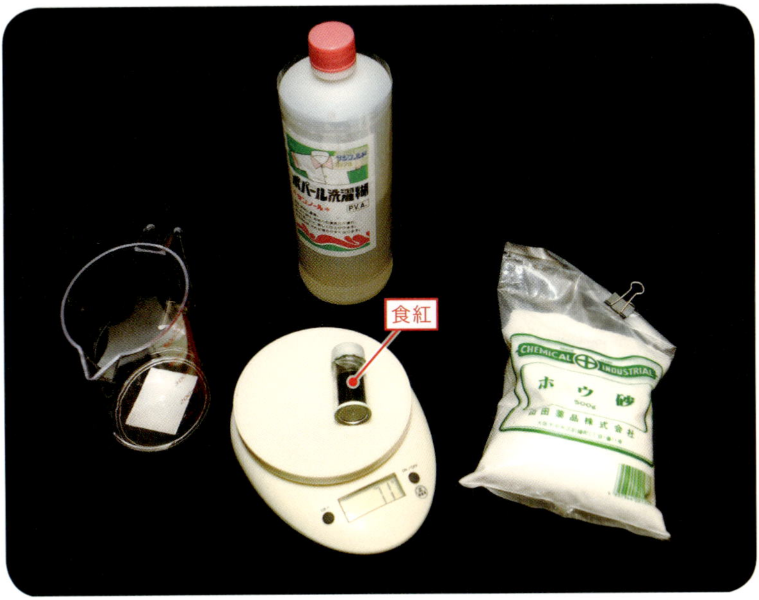

この模型のポイント

この模型は、ジオテキスタイルを用いた補強盛り土工法を分かりやすく示すために製作したものだ。粒状体である土は本来、引っ張り方向の力に対する抵抗力を持たない。それを補う役割を担うのがジオテキスタイルで、土粒子の集合体の変形を抑える効果がある。それが視覚的に理解できる。

粘土などの軟弱地盤上に無対策で施工した盛り土は、構造物などの荷重が掛かる範囲が不同沈下する（66～70ページの「模型の実演と着眼点」で解説写真3）。沈下した盛り土下層は土粒子の間隔が開き、隙間に軟弱土が浸透する。

ジオテキスタイルを敷設すると、その引っ張り抵抗で、盛り土下層の土粒子は間隔が開かない。ジオテキスタイルが盛り土を地盤と分離するので、軟弱土も浸透しない（同解説写真4）。盛り土をジオテキスタイルで巻き込むと、張力が働いて、盛り土塊のせん断変位をさらに抑えることができる（同解説写真5）。

模型では半透明のスライムを使うことで、こうした違いを視覚的に理解してもらうことができる。

下の写真は、軟弱地盤上で重機を用いる際にジオテキスタイルを敷設して施工性を確保した例。専門外の人向けに実演する時にはこうした写真による説明を加えると、実際の活用イメージがより分かりやすい。

軟弱地盤の上での重機施工で、ジオテキスタイルを敷設して安定性を図った例

盛り土下層の土粒子の動きがカギ

下に挙げたのは、より簡易な模型実験だ。洗車スポンジを軟弱地盤に、一方だけテープで結束した木製ブロックを盛り土にそれぞれ見立てている。このテープがジオテキスタイルの役割を果たす（この模型のプラ板は単なる「すべり材」の役割）。

テープで結束していない方を下にしてスポンジに押し付けると、ブロックの束は下端が広がる。結束した方を下にして同じように押し付けると、変形しない。この模型でも、盛り土下層の土粒子の動きが直観的に理解できるだろう。

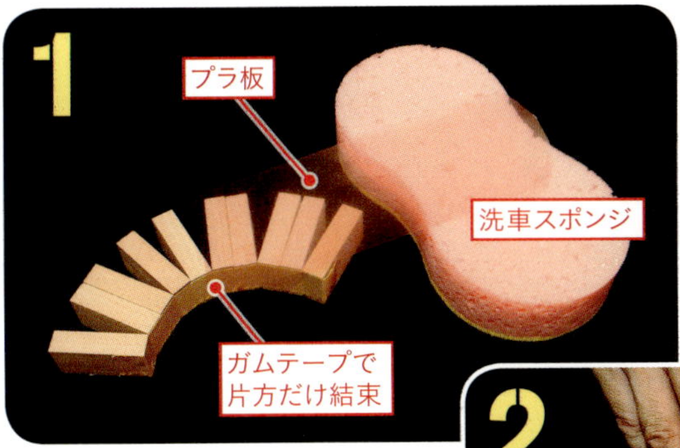

洗車スポンジを使った簡易実験。この模型ではスポンジを軟弱地盤に、片方だけをテープで結束した木製ブロックを盛り土に見立てる

スポンジの上にプラ板（すべり材の役割）を敷き、結束していない方を下にしてブロックの束を上から押し付ける。ブロック下端の隙間が広がるのが分かる。無対策時に盛り土下層の土粒子の間隔が広がる様子を再現

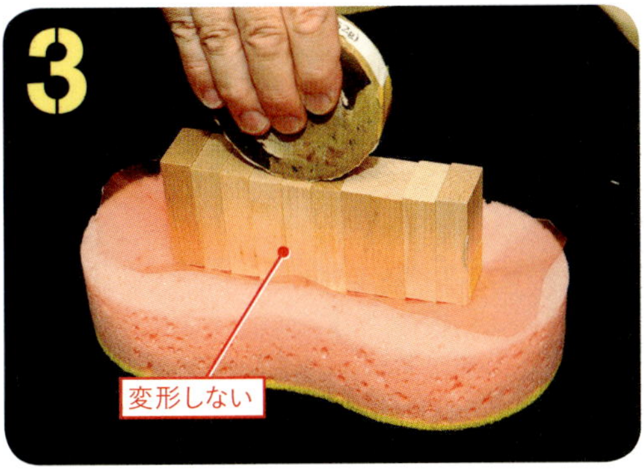

テープで結束した方を下にして、ブロック束を押し付ける。下端は変形しない。ジオテキスタイルによる引っ張り抵抗が働いている様子を再現した状態だ

08
コンクリートの弱点とは？

コンクリートは、圧縮力には強いが引っ張り力には弱い。
この模型は、コンクリート構造物に掛かる引っ張り力に焦点を当てて、
鉄筋コンクリート（RC）やプレストレスト・コンクリート（PC）の仕組みを
分かりやすく説明するものだ。清掃用のスポンジなど、身近な材料でできる。

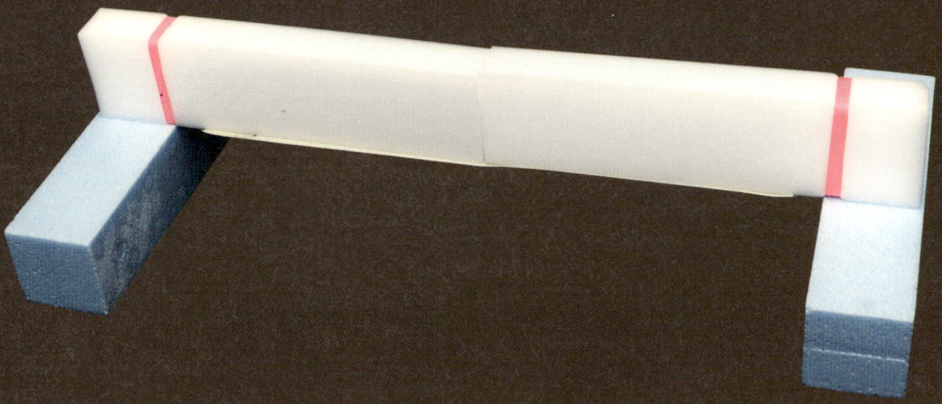

模型の実演と着眼点

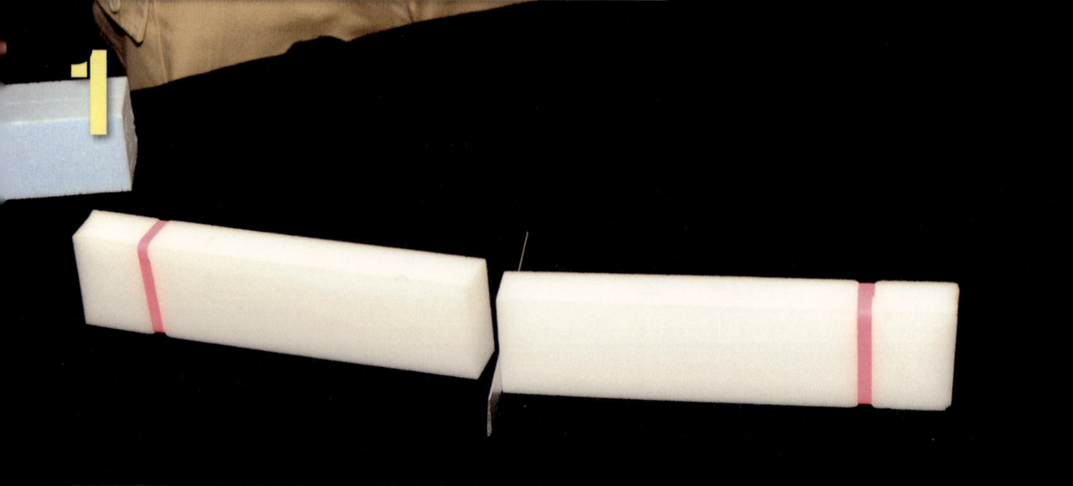

鉄筋コンクリート（RC）で鉄筋が果たしている役割を模型で説明します。この白い角材はやや固めのスポンジで、コンクリートの塊に見立てています

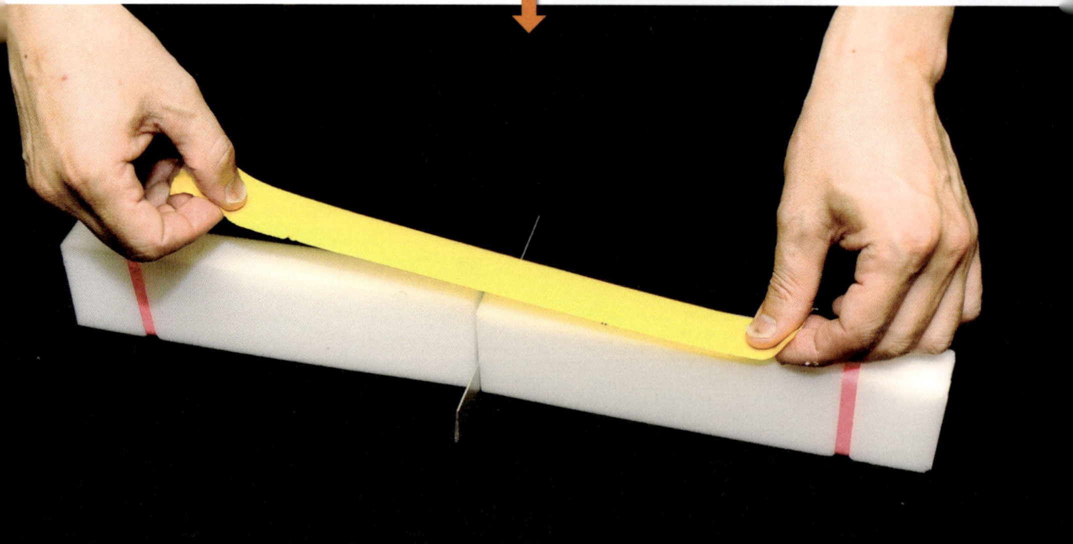

角材のつなぎ目に少しだけ隙間を空けて、一方の面にガムテープを張ります。このテープが鉄筋の代わりです

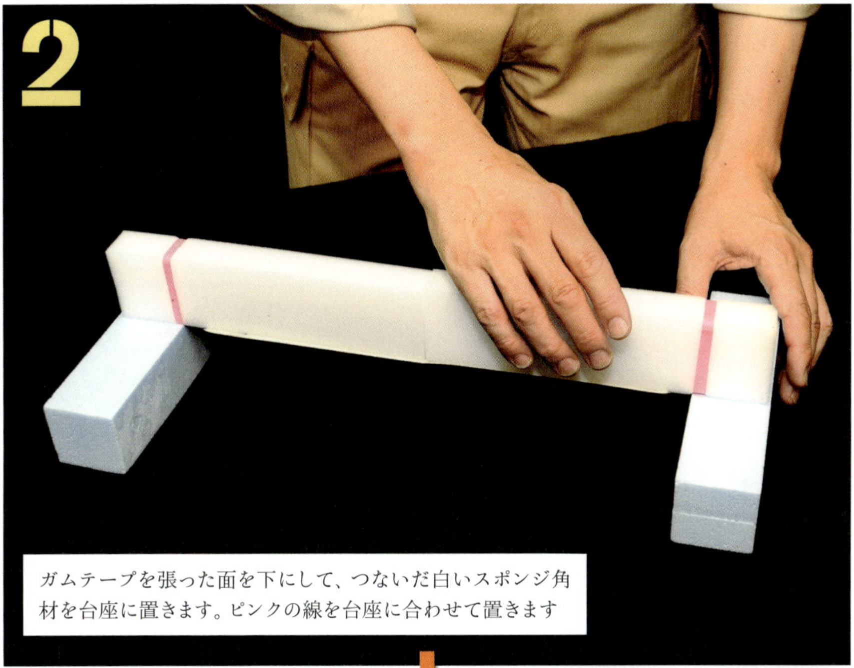

ガムテープを張った面を下にして、つないだ白いスポンジ角材を台座に置きます。ピンクの線を台座に合わせて置きます

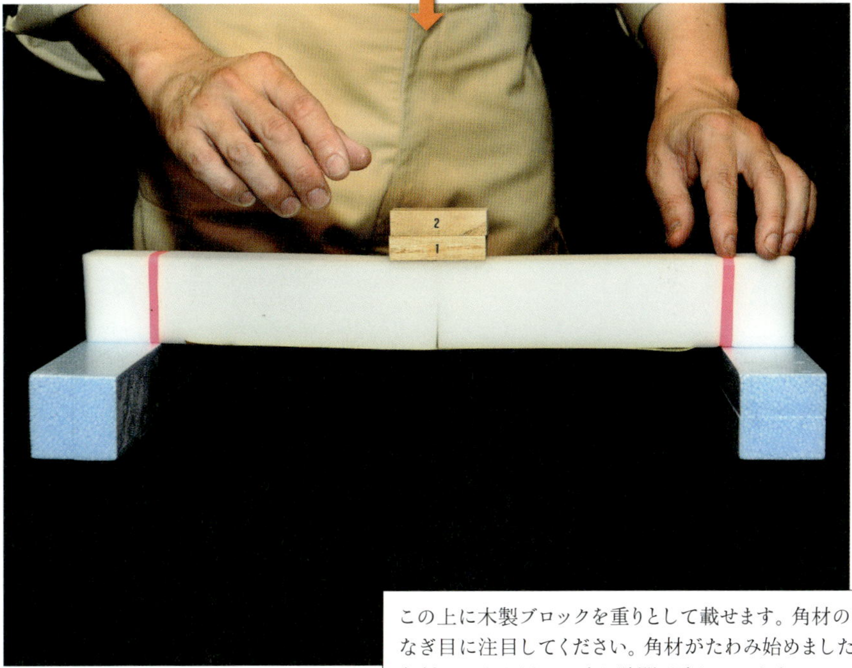

この上に木製ブロックを重りとして載せます。角材のつなぎ目に注目してください。角材がたわみ始めました。角材のつなぎ目には少し隙間が生じています

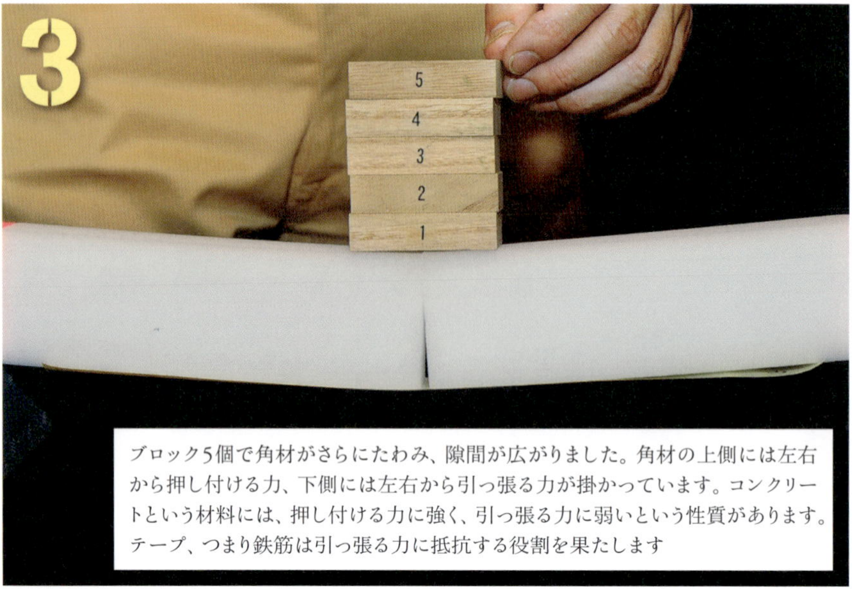

ブロック5個で角材がさらにたわみ、隙間が広がりました。角材の上側には左右から押し付ける力、下側には左右から引っ張る力が掛かっています。コンクリートという材料には、押し付ける力に強く、引っ張る力に弱いという性質があります。テープ、つまり鉄筋は引っ張る力に抵抗する役割を果たします

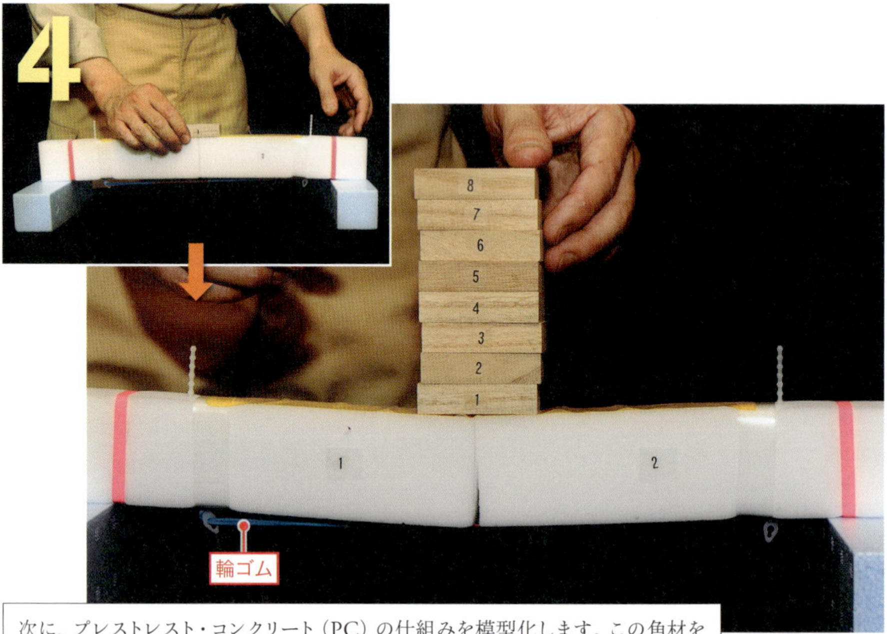

次に、プレストレスト・コンクリート（PC）の仕組みを模型化します。この角材をPC梁に見立てます。あらかじめ圧縮方向の力、すなわち張力を掛けた状態を再現するために、輪ゴムを使います。角材両端にピンを刺し、輪ゴム4本をつないで掛けます。ブロック8個で角材のつなぎ目に隙間が生じました

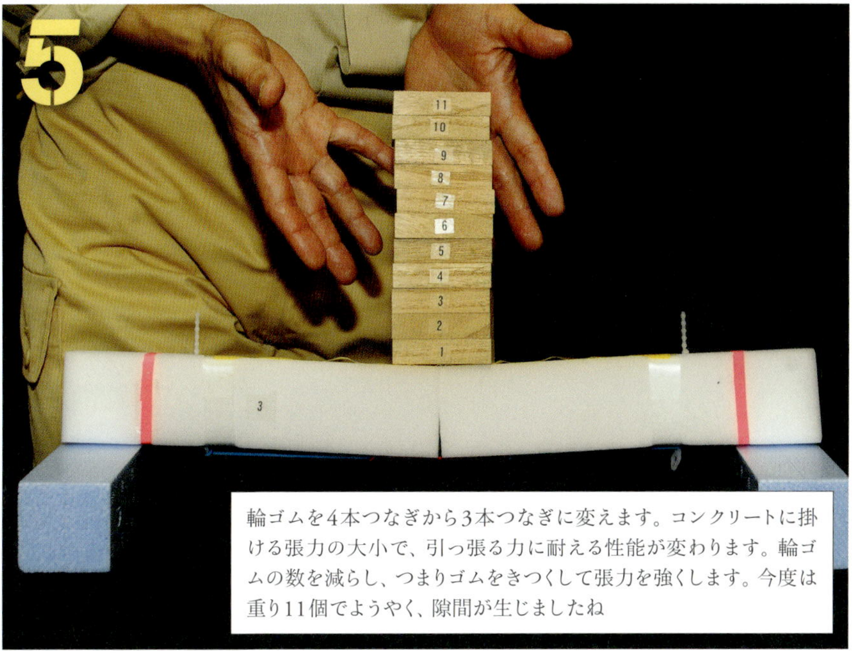

輪ゴムを4本つなぎから3本つなぎに変えます。コンクリートに掛ける張力の大小で、引っ張る力に耐える性能が変わります。輪ゴムの数を減らし、つまりゴムをきつくして張力を強くします。今度は重り11個でようやく、隙間が生じましたね

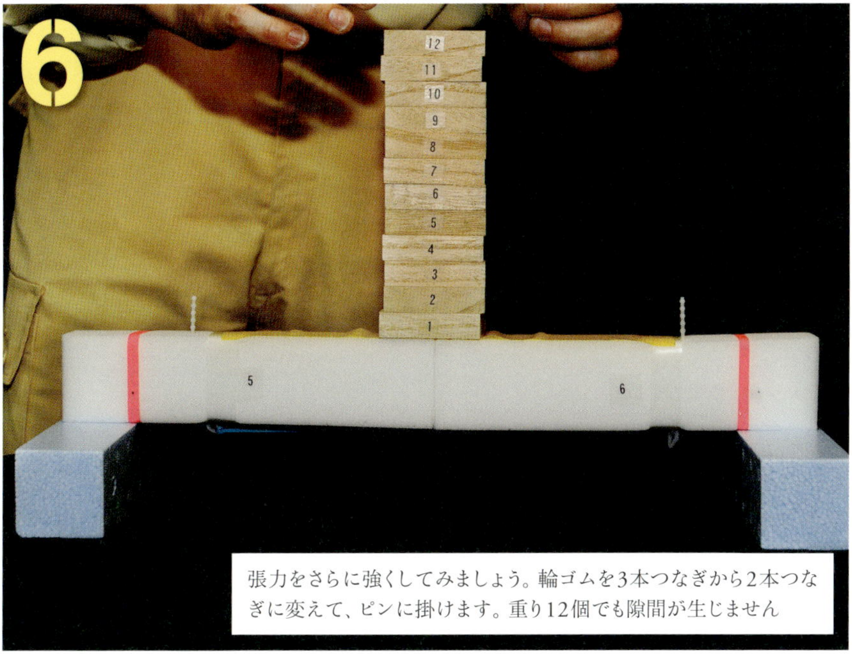

張力をさらに強くしてみましょう。輪ゴムを3本つなぎから2本つなぎに変えて、ピンに掛けます。重り12個でも隙間が生じません

模型の構造と作り方

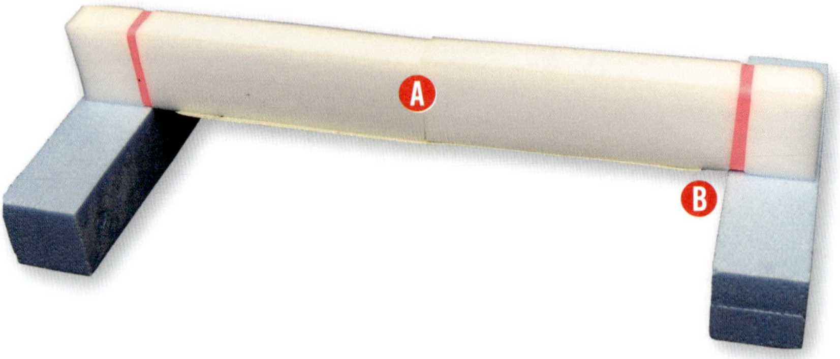

A 清掃用スポンジをコンクリート梁に見立てる

コンクリート梁に見立てたのは、百円ショップで手に入る清掃用メラミンスポンジ（研磨スポンジ）だ。やや硬めの棒状タイプを使う。元々は長さ50cmほどで、適当な長さに切って使う。

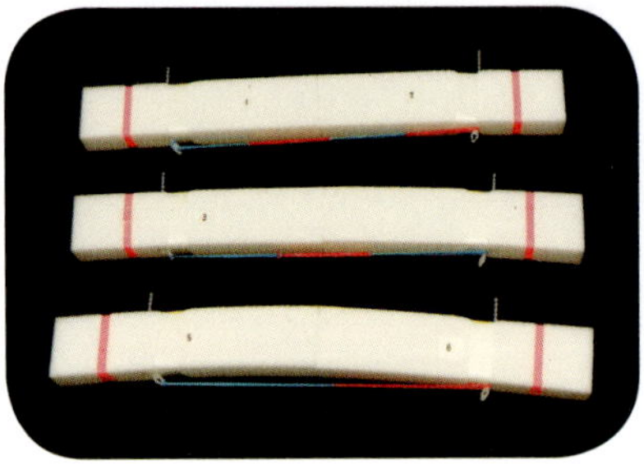

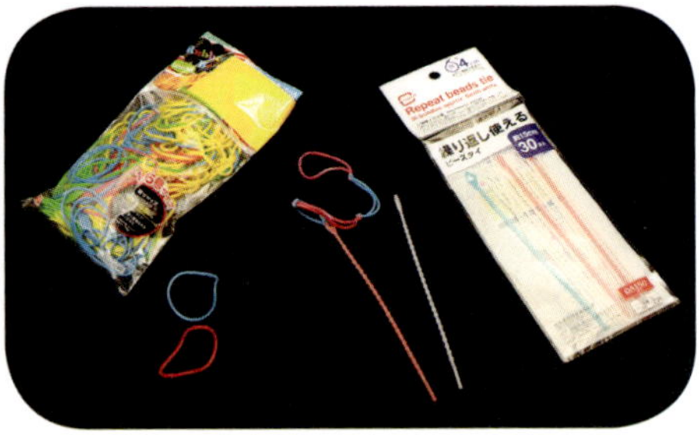

B 輪ゴムは色付きタイプ、ピンは結束材

PC梁を再現するために、スポンジ角材にピンを刺し、輪ゴムでテンションを掛ける。輪ゴムは色付きのタイプの方が、本数を変えて力加減を調整する際に分かりやすい。左右のピンはコードなどの結束材を活用。左の写真の模型は上から、輪ゴムを4本使ったもの、3本のもの、一番下が2本のもの。一番下が最も反っている。

【具体的な事例があるとなお良し】

この写真は、ウイング付のボックスカルバートで構築したアンダーパス。不同沈下によって、隅角部付近を中心に多数のひび割れが生じた。私が原因究明の調査を手掛けた事例である。下の模型は、このボックスカルバートにひび割れが生じたメカニズムを示したもの。調査結果の説明用に、厚紙を使って作った。不同沈下で生じた力が構造体にどのように掛かったか——。それが、実際に発生したひび割れ箇所と一致することを示す狙いで作った模型だ。模型を使って誰かに説明する際には、このような具体例も加えると、聞き手の興味はさらに増すはずだ。

隅角部などにひび割れが生じた
ボックスカルバート

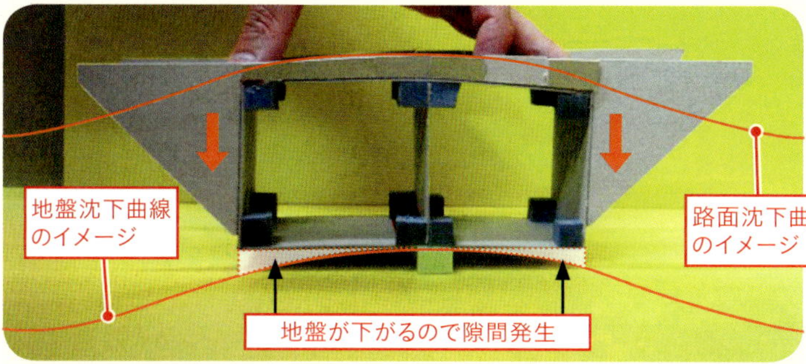

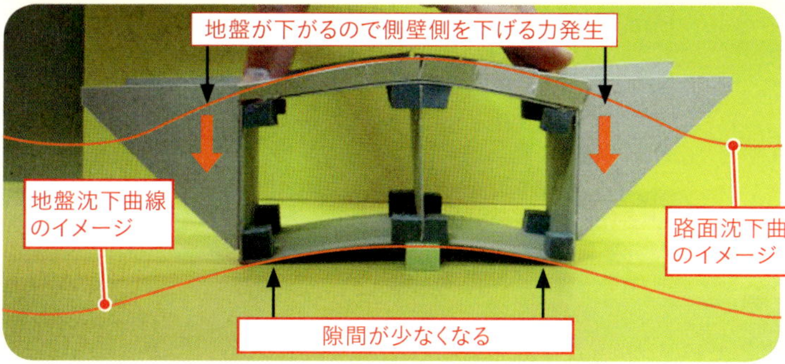

この模型のポイント

「圧縮力には強いが、引っ張り力には弱い」というコンクリートの性質をテーマに、鉄筋が果たす役割やプレストレスト・コンクリートの仕組みをモデル化したのがこの模型だ。シンプルな模型なので、専門外の人でもポイントは直感的に分かるはず。しかし力学的な関係をきちんと説明するのは、ベテランの土木技術者でも結構難しい。

下の写真と次ページの数式は、下端をテープで留めた模型（「模型の実演と着眼点」で79ページの解説写真2）をRC梁に見立てて、力学的関係を整理したもの。下の写真で1は外力、2は内力の関係性を示す。次ページは内力の関係をまとめた式だ。外力と内力それぞれの曲げモーメント（M）には、つり合いが成立する。内力の関係性で、

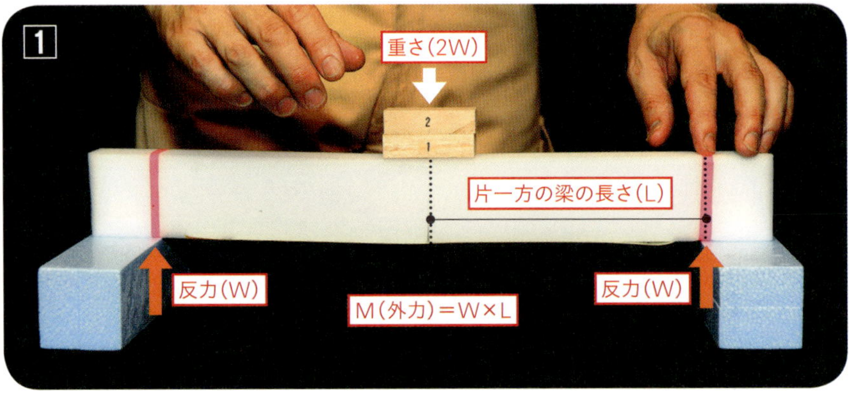

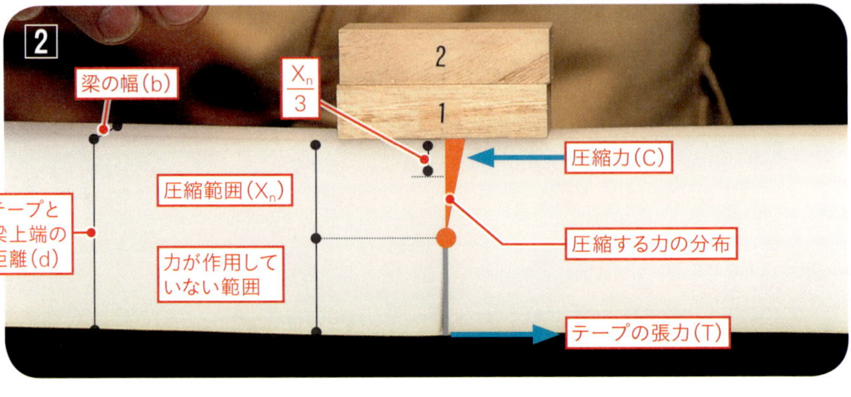

模型に掛かる内力の関係性(RC梁に見立てる)

＊模型の自重は無視する

①力の整理式

$$C = T$$

C:圧縮力　T:張力

$$\sigma_c \times X_n \times \frac{b}{2} = \sigma_t \times A_s$$

σ_c:上端側の応力　X_n:圧縮範囲　σ_t:下端側の応力　A_s:鉄筋断面積

②ひずみの整理式

$$\varepsilon_c : \varepsilon_t = X_n : (d - X_n)$$

ε_c:上端側の圧縮力(ひずみ)　ε_t:下端側の張力(ひずみ)

$\varepsilon_c = \frac{\sigma_c}{E_c}$　$\varepsilon_t = \frac{\sigma_t}{E_s}$　$n = \frac{E_s}{E_c}$　＊E_sは鉄筋(テープ)、E_cはコンクリートのそれぞれ弾性係数

$$\frac{\sigma_c}{E_c} \times (d - X_n) = \frac{\sigma_t}{E_s} \times X_n$$

$$\frac{X_n}{d} = n \times \frac{\sigma_c}{n \times \sigma_c + \sigma_t}$$

③曲げモーメント(内力)の整理式

$$M = C\left(d - \frac{X_n}{3}\right) = T\left(d - \frac{X_n}{3}\right) = \sigma_t \times A_s \times \left(d - \frac{X_n}{3}\right)$$

未知数σ_c、σ_t、X_nは、①〜③の式で確定する

- σ_cが許容値を超える場合はb(梁の幅)かd(テープと梁上端の距離)を広げる
- σ_tが許容値を超える場合はε_t(下端側の張力)を増やすために鉄筋断面積を広げる

例えば「d」は通常、最も下端の鉄筋の中心線から梁天端までの距離を指す。この模型の場合は、下側に張ったテープが鉄筋の役割を果たしているので、単純化して「d＝梁の高さ」としている。

三つの関係式からは、「導き出される上端側の応力（σ_c）が許容値を超える場合は梁の幅（b）か高さ（d）を増やす」、あるいは「下端側の応力（σ_t）が許容値を超える場合は下端側の張力（ε_t）を増やすために鉄筋の断面積を増やす（この模型ならテープを増し張りする）」という2点が分かる。こうした検討は、若手技術者や土木系学生にとって良い「頭の体操」になるだろう。

09
アンカーと杭はどう違う？

スチレンボードをカットしただけのシンプルな模型だ。「アンカー工法」、「地山補強土工法」、「抑止杭工法」のメカニズムの違いを一目瞭然で理解することができる。どのような条件でどの工法が適切かも直感的に分かる。

模型の実演と着眼点

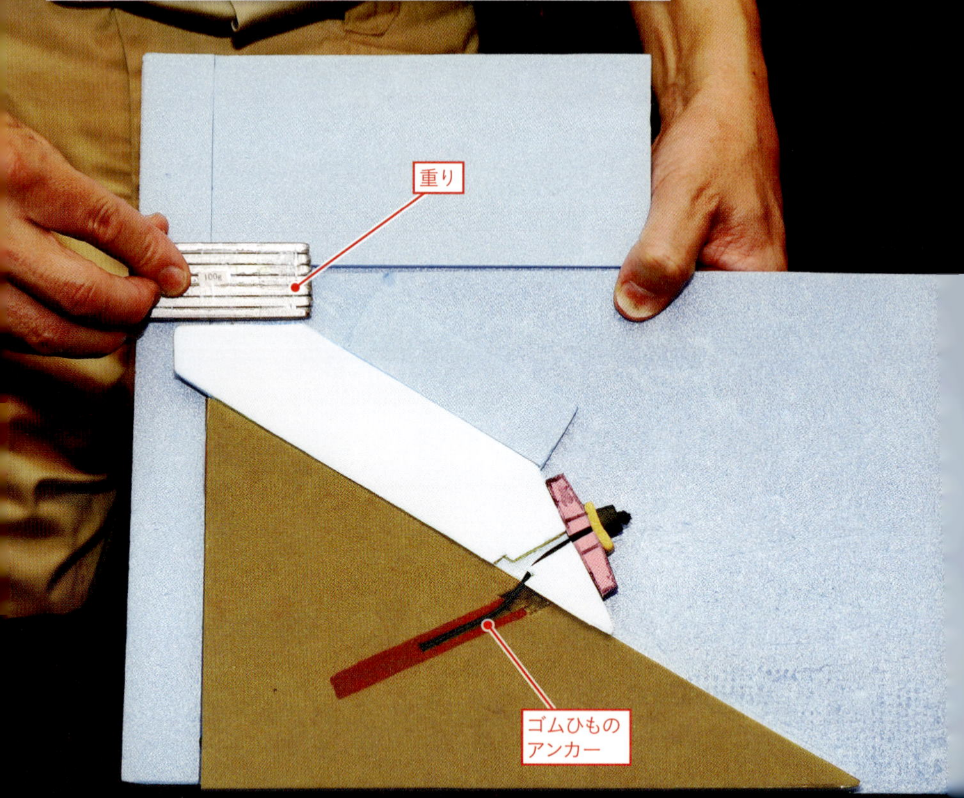

1

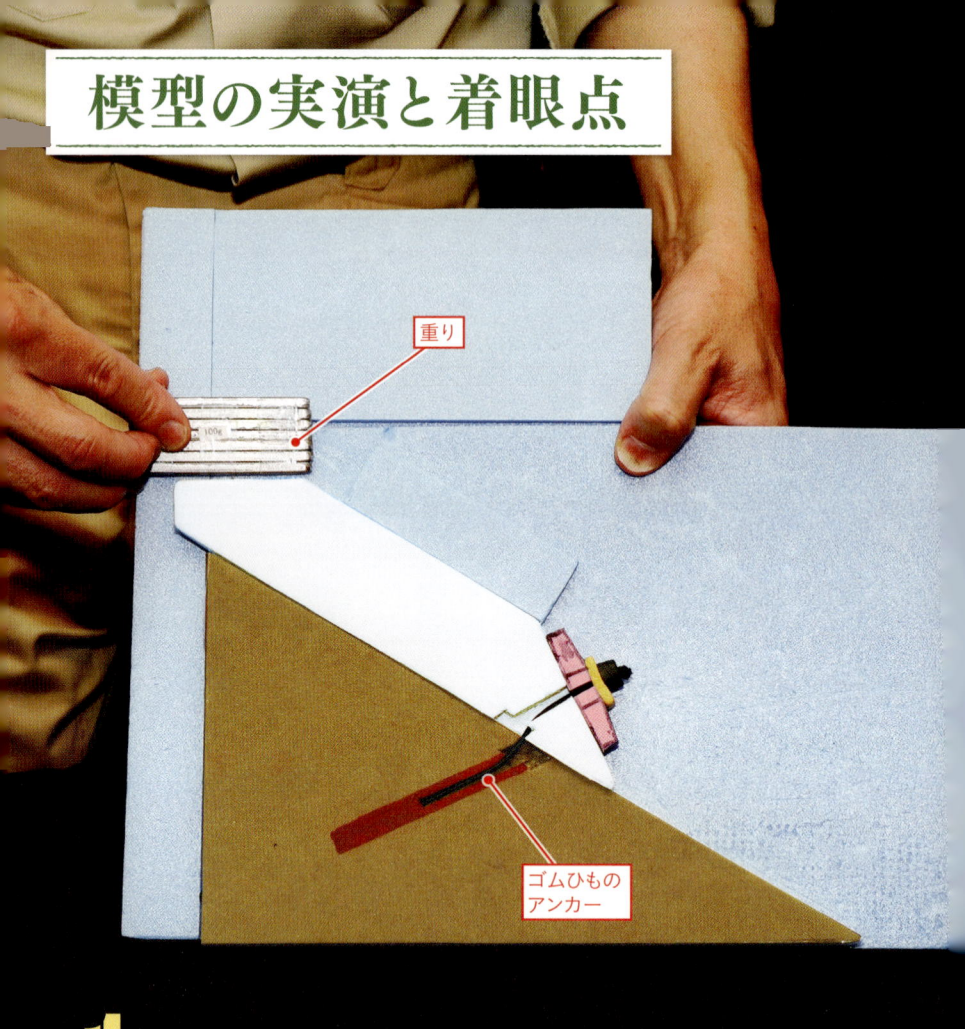

最初は「アンカー工法」です。パネルで茶色い部分は固い地盤、白い部分は地すべりを起こす不安定な地盤に見立てています。不安定な地盤を、アンカーに見立てたゴムひもで固い地盤の中に固定します。この状態で手を放すと、ゴムひもの引っ張り力で不安定な地盤が山側に押し付けられます。実際のアンカーはこのように曲がっていませんが、同様の力（プレストレス）が掛かっています。不安定な地盤の上部に重りを載せます

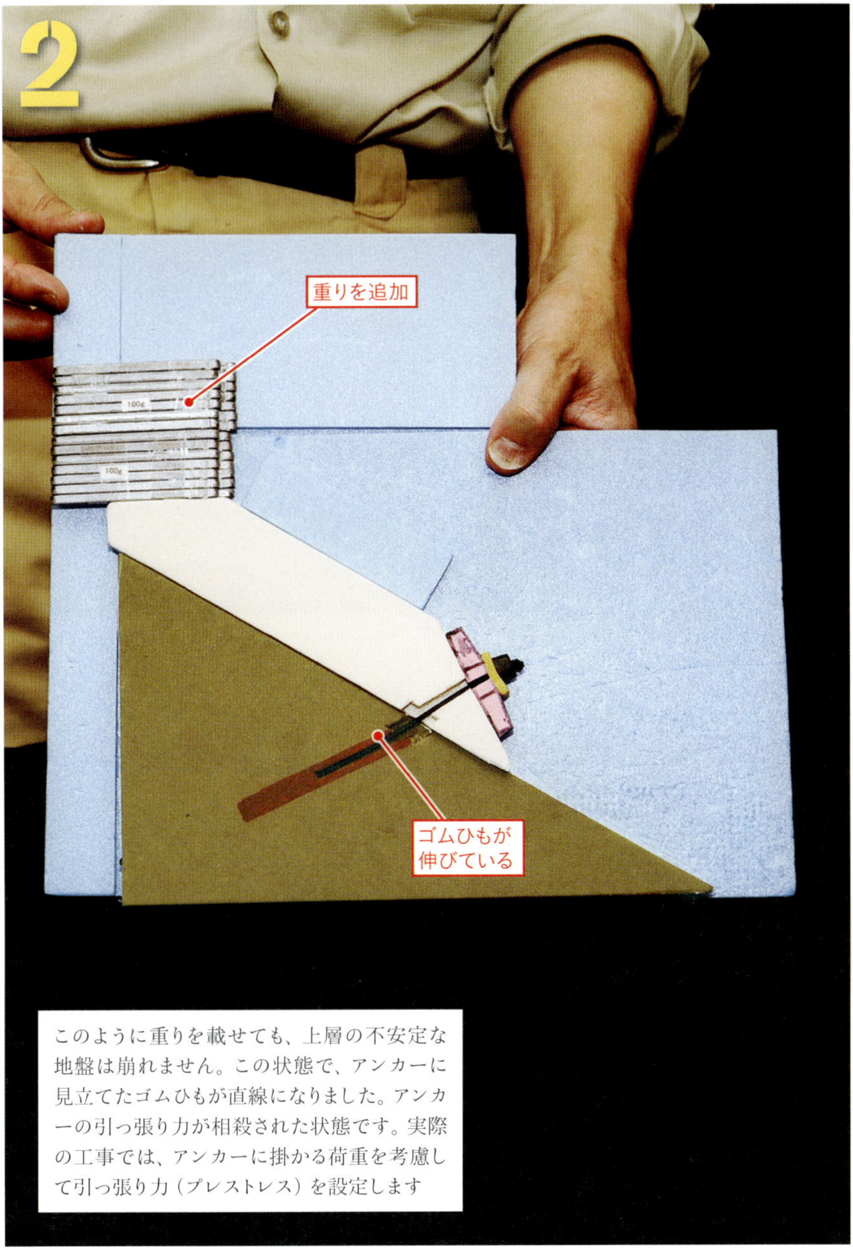
2
重りを追加
100g
100g
ゴムひもが
伸びている

このように重りを載せても、上層の不安定な地盤は崩れません。この状態で、アンカーに見立てたゴムひもが直線になりました。アンカーの引っ張り力が相殺された状態です。実際の工事では、アンカーに掛かる荷重を考慮して引っ張り力（プレストレス）を設定します

3
消しゴムの棒

重りを載せる
先端が
沈み込んだ

「地山補強土工法」は地面から固い地盤まで小径の穴をいくつも開けて直径2cm程度の鉄棒を入れ、セメントで固める工法です。鉄棒に模したのは消しゴム。重りを載せていきます。鉄棒で地盤がひと塊になり、動きにくくなります。すべる力に耐えられないと棒が変形します。棒先端の沈み込みに注目してください

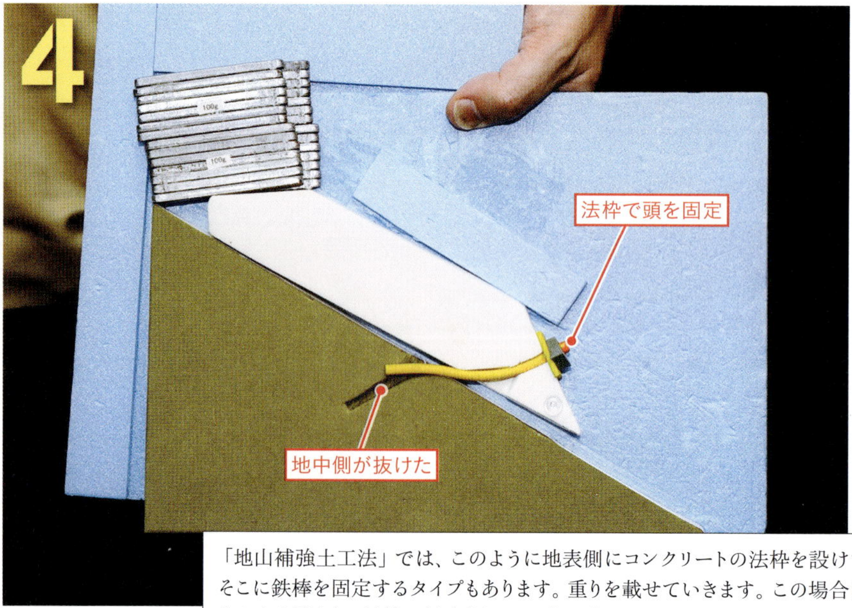
4
法枠で頭を固定
地中側が抜けた

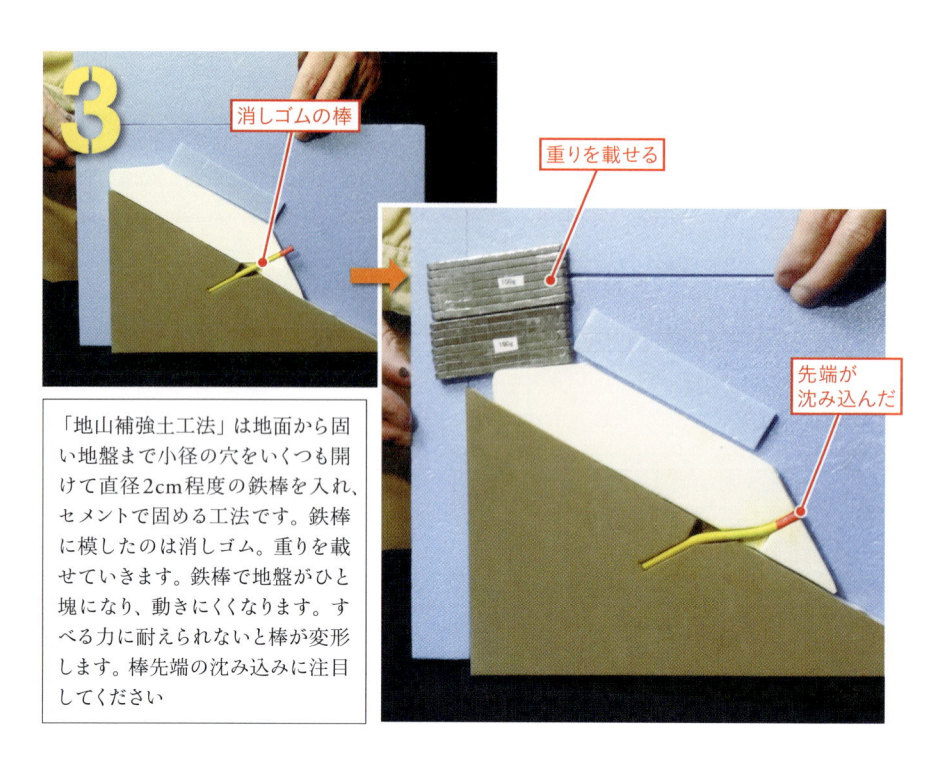

「地山補強土工法」では、このように地表側にコンクリートの法枠を設けて、そこに鉄棒を固定するタイプもあります。重りを載せていきます。この場合は、先ほどと異なり、鉄棒の地中側だけが抜け出そうとします

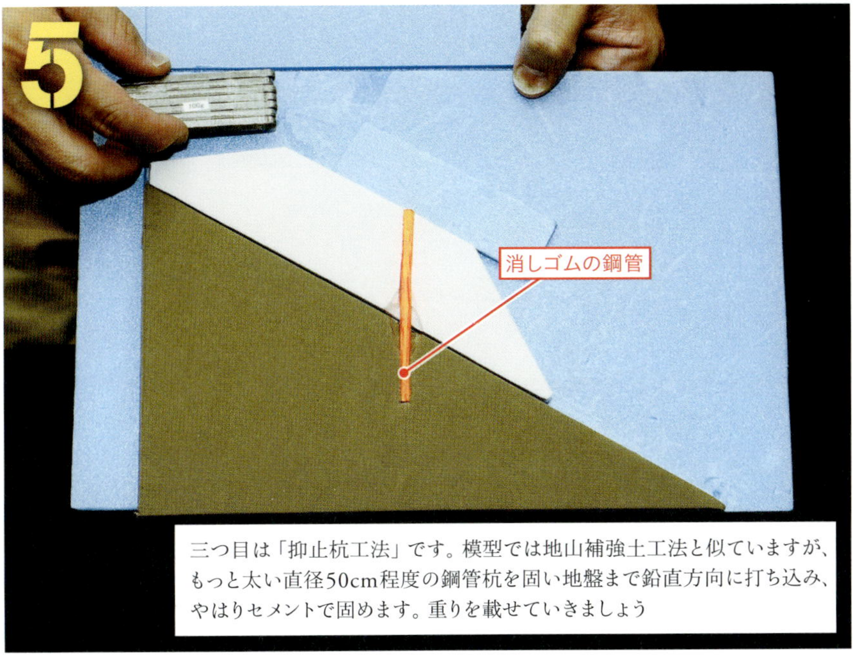

三つ目は「抑止杭工法」です。模型では地山補強土工法と似ていますが、もっと太い直径50cm程度の鋼管杭を固い地盤まで鉛直方向に打ち込み、やはりセメントで固めます。重りを載せていきましょう

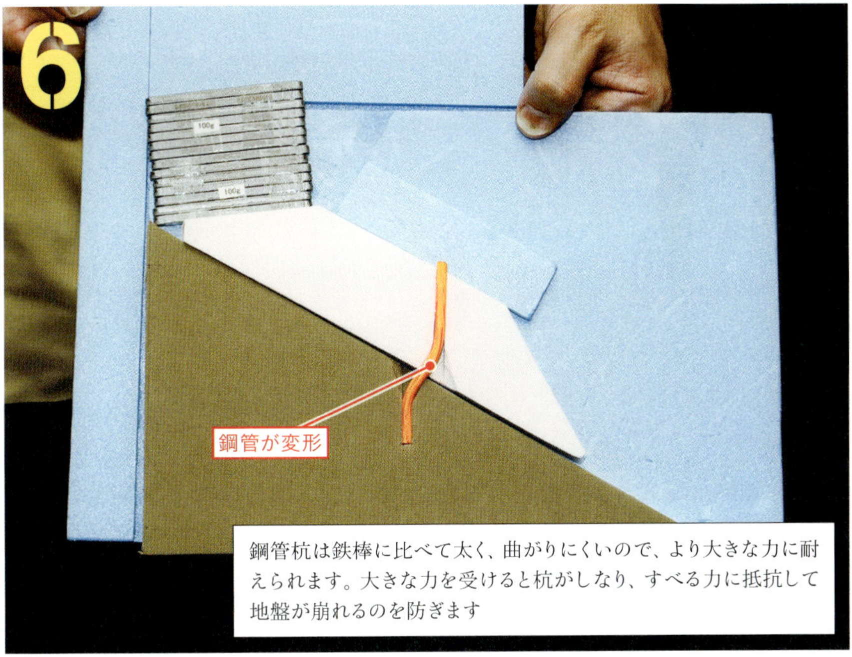

鋼管杭は鉄棒に比べて太く、曲がりにくいので、より大きな力に耐えられます。大きな力を受けると杭がしなり、すべる力に抵抗して地盤が崩れるのを防ぎます

模型の構造と作り方

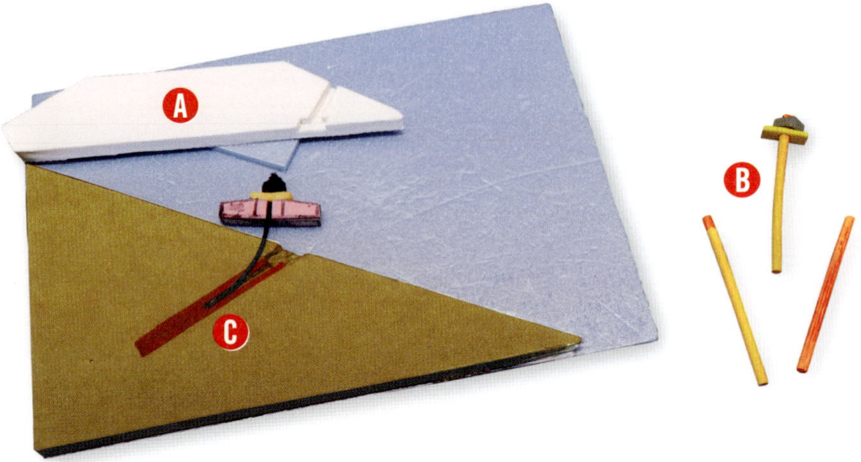

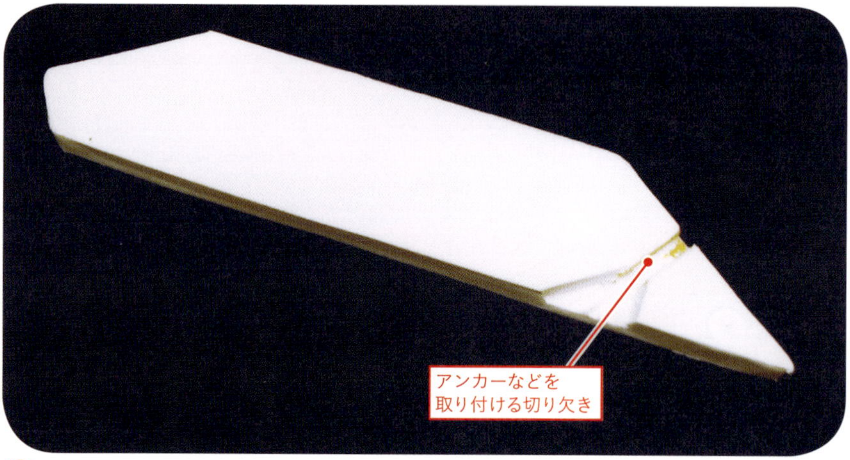

A スチレンボードを切って作る

厚さ1cm程度のスチレンボードを切って作る。上層ですべる土塊はアンカーや杭を通す切り欠き（溝）を付けておく。

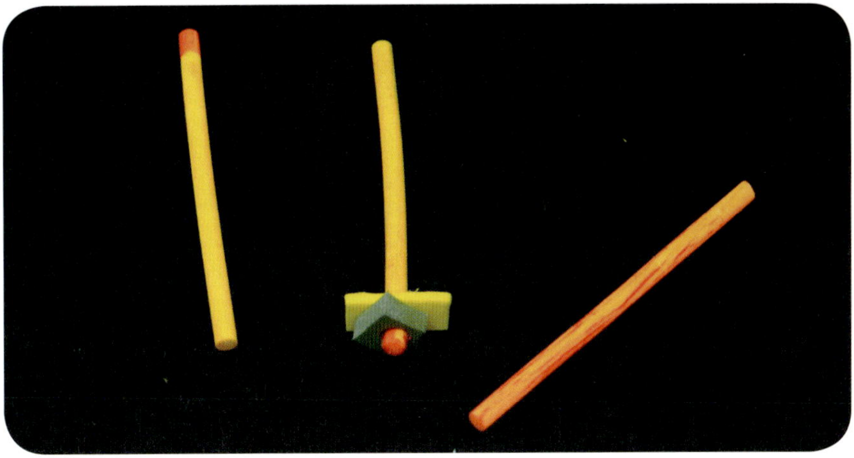

B 杭はノックペン式消しゴムを利用

「地山補強土工法」と「抑止杭工法」で用いたのはノックペン式消しゴム。しなり方がよく分かる素材だ。

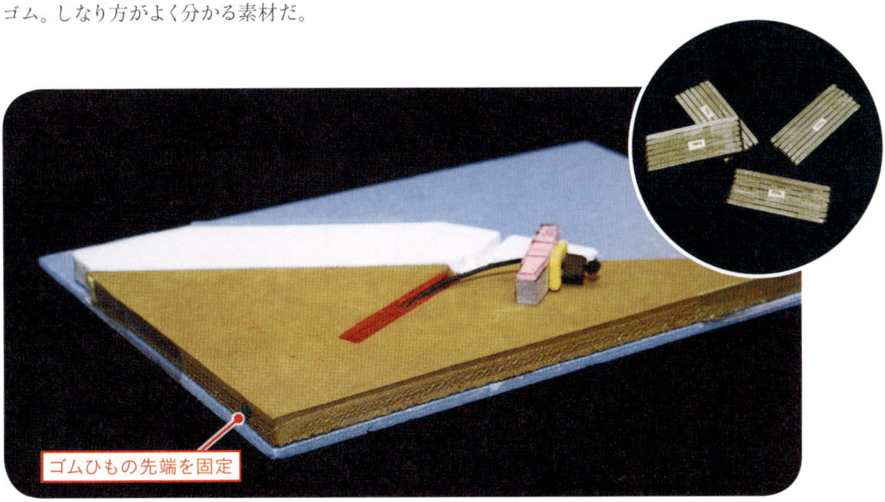

C 髪留めのゴムひもで「張力」を表現

「アンカー工法」でアンカーに見立てたのは、髪留めのゴムひもを切ったものだ。地表側はスチレンボードを加工した「受圧板」（ピンク色の部材）に固定。地中側は写真のように、固い地盤（茶色のボード）に穴をあけてゴムひもを通し、先端に結び目を設けて抜けないようにする。重り（円内）はやや厚みのある鉄板を短冊状に切って束ねて作った。

この模型のポイント

今回は、地すべりや斜面崩壊の対策工法を題材にした模型だ。ごく一般的な3工法について、対策の効果や各工法の差異をシンプルに理解できるように模型化した。

専門外の人にはいずれの工法も一見、同じように見えてしまうだろう。しかし違いが分かると、「なぜ、こうした様々な工法があるのだろうか」という次の疑問につながっていく。そうした疑問を抱くことこそ、土木技術への興味を深めてもらううえで、最も

模型に掛かる応力の関係性

＜φはせん断抵抗角、cは粘着力（kN/m^2）、LはA－B間の距離＞

［抑止杭工法］

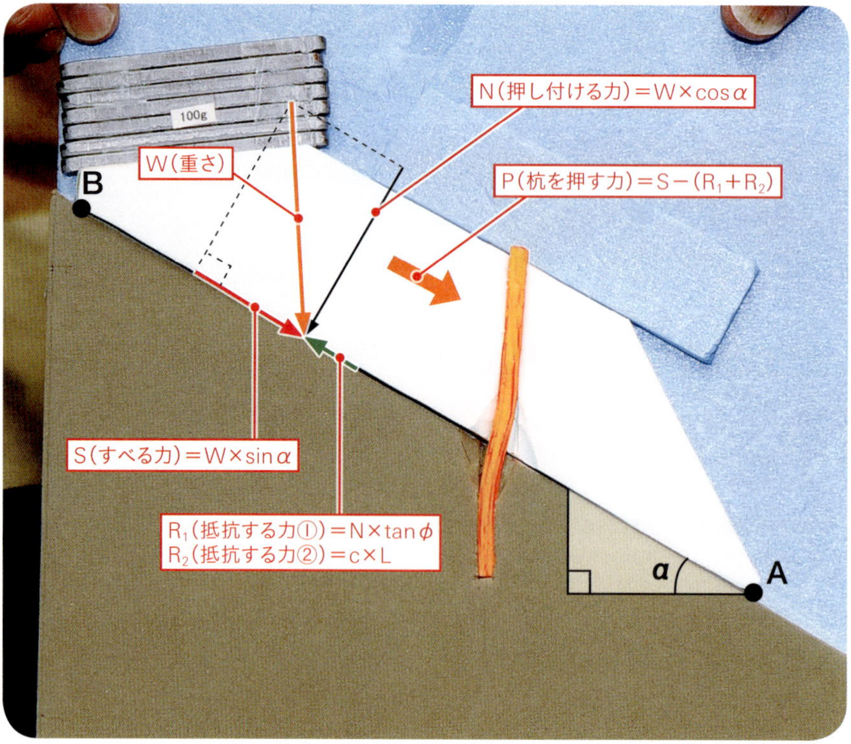

大切だと思う。

アンカーと杭で言えば、アンカーは張力（プレストレス）で、杭は「しなること」で、それぞれ地すべりを抑制する効果を発揮するという違いが視覚的に分かる。これらを踏まえたうえで、対策箇所の地質・地形的な条件のほか、施工性や予算といった諸条件に合わせて最適な工法があることを理解しよう。

力の関係性を整理する

前ページとこのページの下に、アンカーや杭に掛かる力を整理して示してみた。アンカーや抑止杭を押す力が大きくなるのは「（1）粘着力cまたはせん断抵抗角φが小

［アンカー工法］

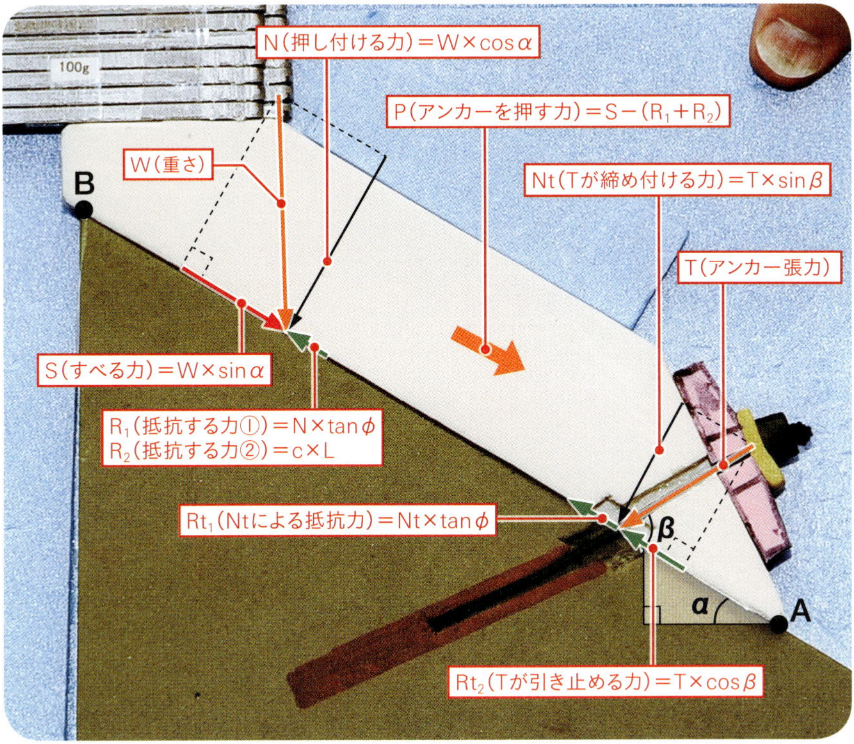

さい」、「（2）下層地盤の傾斜角αが大きい」、「（3）重さWが大きい」の3パターン。（1）は地すべりに抵抗する力R_1・R_2が小さいこと、（2）と（3）はすべる力Sが大きいことを示す。模型による直感的理解とともに、こうした力学的関係性を整理してみることも、技術力を磨くうえではとても有効だ。

10
擁壁に掛かる土圧とは？

パスタを土の粒子に見立てて、擁壁背後の土の挙動を確認。
擁壁を山側に押す場合と谷側に引く場合とでは、
背後で影響を受ける土の範囲はどのように異なるか。
主働土圧と受働土圧の違いなども理解できる。

模型の実演と着眼点

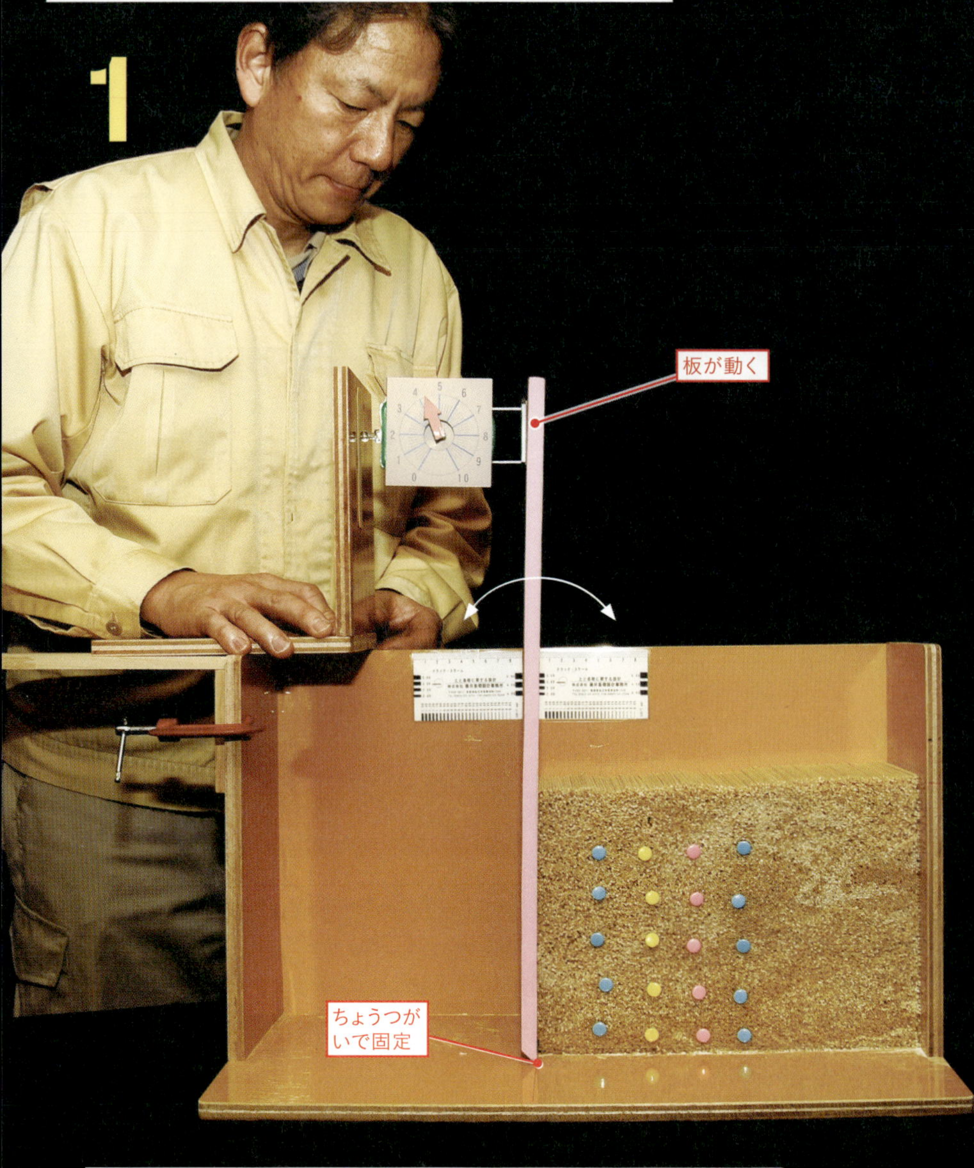

真ん中の板が擁壁。右手に積んだのはパスタで、擁壁の裏の土を表現しています。土の中には重力の作用で圧力が生じています。この擁壁を動かすと、はかりの針が動いて土圧の変化が分かります。今、擁壁が垂直の状態で、針が指す目盛りは「4」強ですね。この状態の土圧は「静止土圧」です

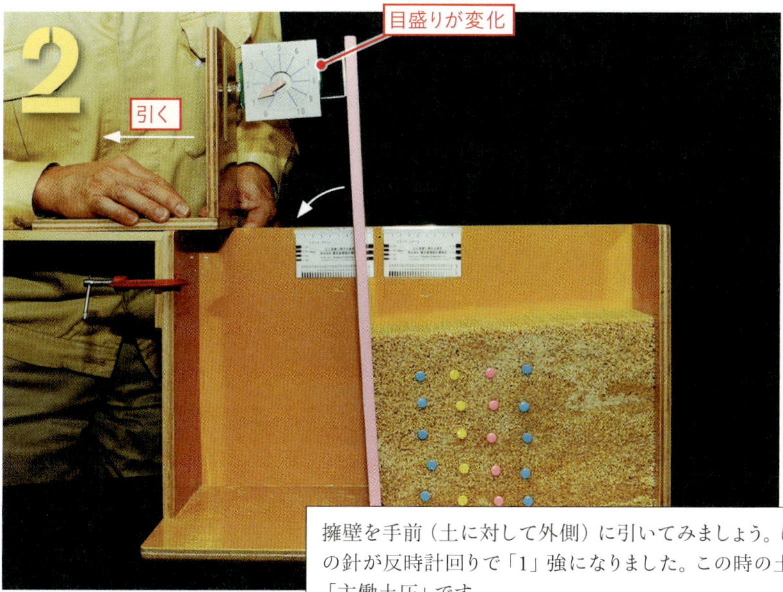

擁壁を手前（土に対して外側）に引いてみましょう。はかりの針が反時計回りで「1」強になりました。この時の土圧は「主働土圧」です

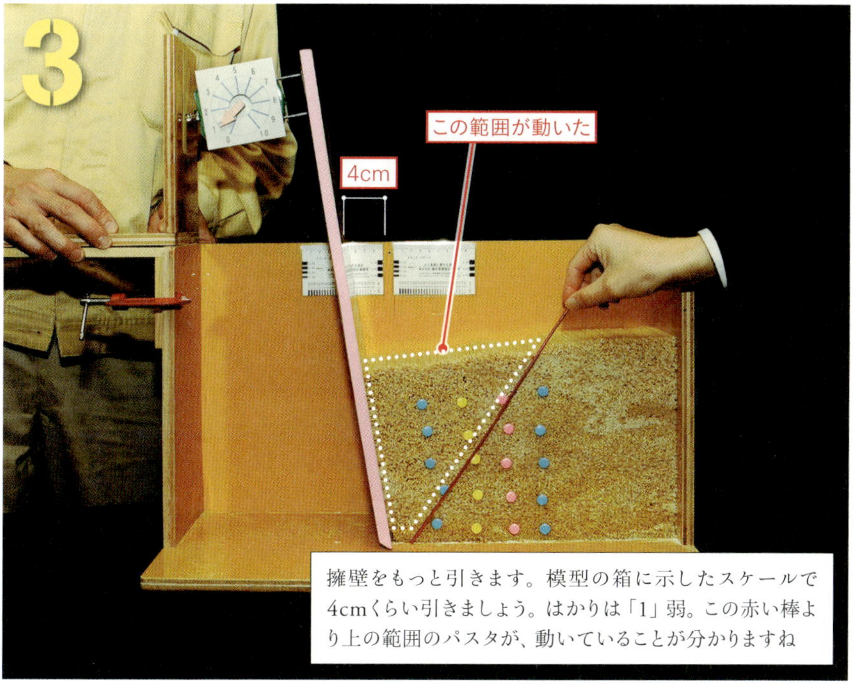

擁壁をもっと引きます。模型の箱に示したスケールで4cmくらい引きましょう。はかりは「1」弱。この赤い棒より上の範囲のパスタが、動いていることが分かりますね

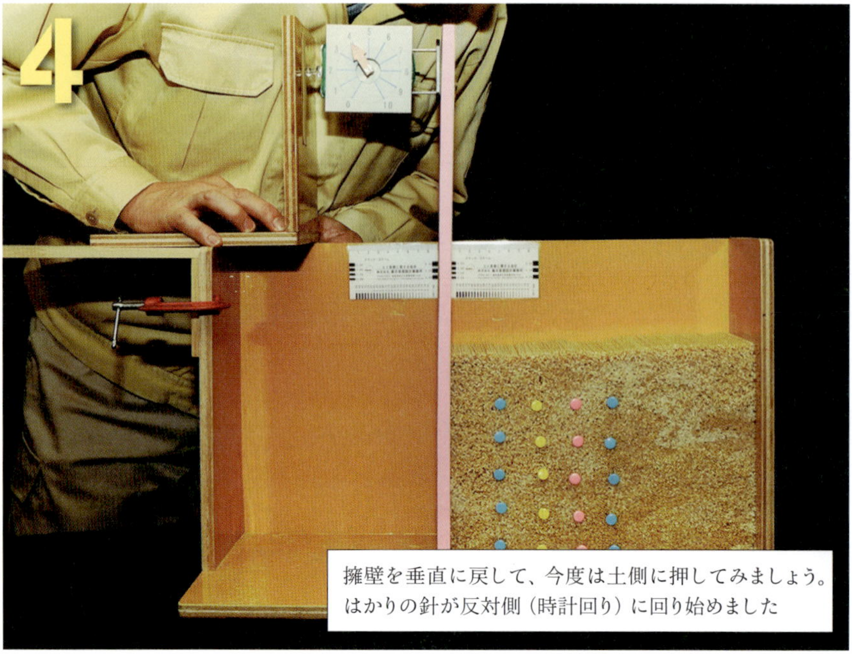

擁壁を垂直に戻して、今度は土側に押してみましょう。はかりの針が反対側（時計回り）に回り始めました

このくらいではかりの針は「10」強。この場合に掛かっている土圧は「受働土圧」です

擁壁を箱のスケールで4cm程度、押します。先ほど（解説写真3）と逆の状態ですね。針は目分量で「13」ぐらいを指しています。擁壁の移動距離が同じでも土圧の掛かり方が違い、押す場合の土圧（受働土圧）の方が大きいことが分かります。パスタが動いた範囲（棒より上）は、先ほどより緩い勾配ですね

模型の構造と作り方

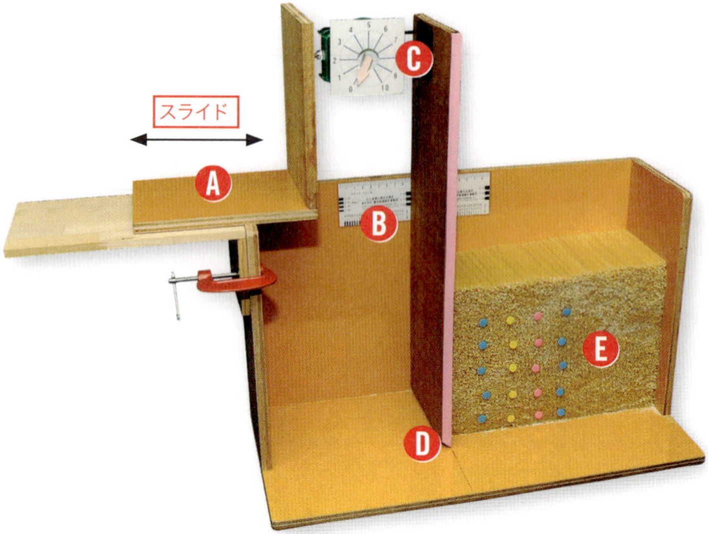

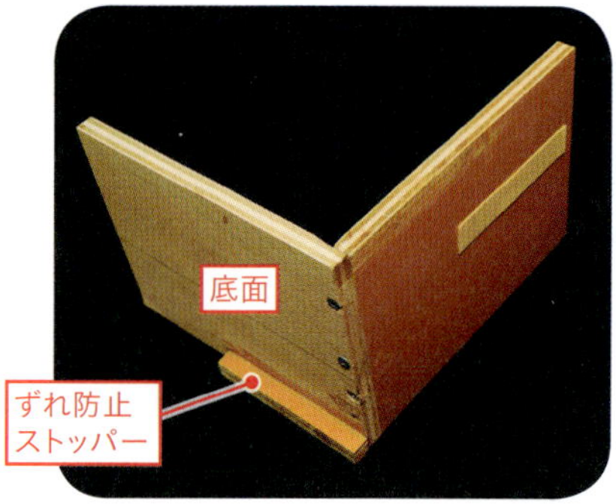

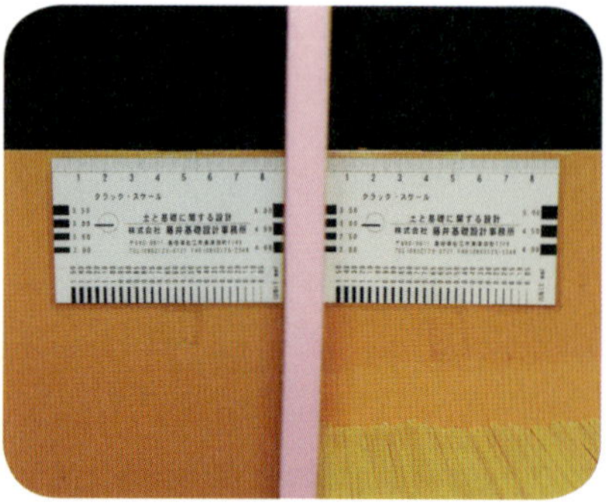

A 本体ケースなどは型枠用コンパネで

本体ケースや擁壁に見立てた板と、はかりを介して板を押すL字形部材は、いずれも型枠用の塗装コンパネ製。板を山側に押す（受働土圧が発生）際には、かなり力を入れるので、L字形部材にはずれ防止のストッパーも付けた。

B 板の動きを見るスケールを付ける

板（擁壁）の傾きを数値的に捉えるために、本体ケースにスケールを貼り付けた。垂直の状態が「0」。谷側がマイナス方向、山側がプラス方向として、板の移動距離（cm）を読み取る。このスケールは当社が社内でつくったクラックスケールを活用した。

C 百円ショップの料理用はかりを活用

板（擁壁）にはかりを固定してL字形部材で押す。はかりは百円ショップで買った料理用のもの。針や目盛りはより見やすくするために紙で自作して張り付けた。実験では針が示す目盛りを読み取り、プラス側・マイナス側への変化を読み取る。

D ちょうつがいで板の下端を固定

板（擁壁）は、下端をちょうつがいで本体ケースに固定。山側・谷側それぞれの方向に傾けることができる。パスタ（土の粒子）のセッティング時など、垂直状態で板を固定するストッパーを付けている。

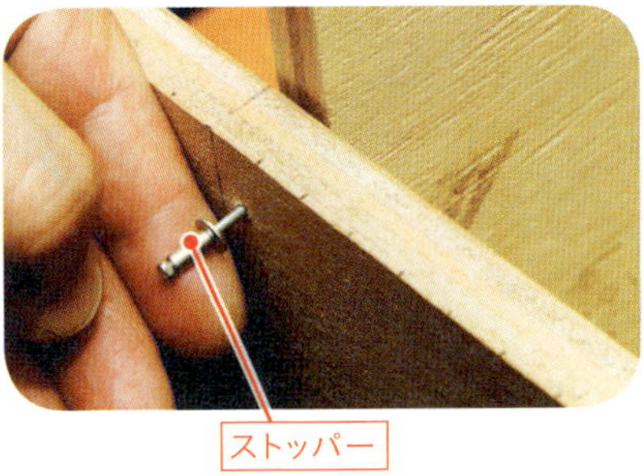

E まち針のマーカーでパスタの動きを見る

土に見立てたのはパスタで、長さ20cm程度に切りそろえて積む。土粒子の大きさの違いを再現するために、太さが違うものを3種類ほどを混ぜている。土の動きを見るマーカーとして、まち針を活用。写真のようにつまみの部分を折り曲げて、色別で鉛直方向に一列に刺しておく。

この模型のポイント

擁壁に掛かる土圧を再現する模型だ。05章の「地盤の支持力とは？」で使った模型のバリエーションである。切りそろえたパスタを土の粒子に見立てて、擁壁に掛かる土圧を視覚的に理解することができる。

05章「地盤の支持力とは？」の模型は、基礎のフーチング幅の違いによって、地盤が影響を受ける範囲や土の挙動が一目で分かるものだった。今回の模型では、擁壁に見立てた板を山側に押す場合（受働土圧が発生）と谷側に引く場合（主働土圧が

主働土圧・受働土圧の変化

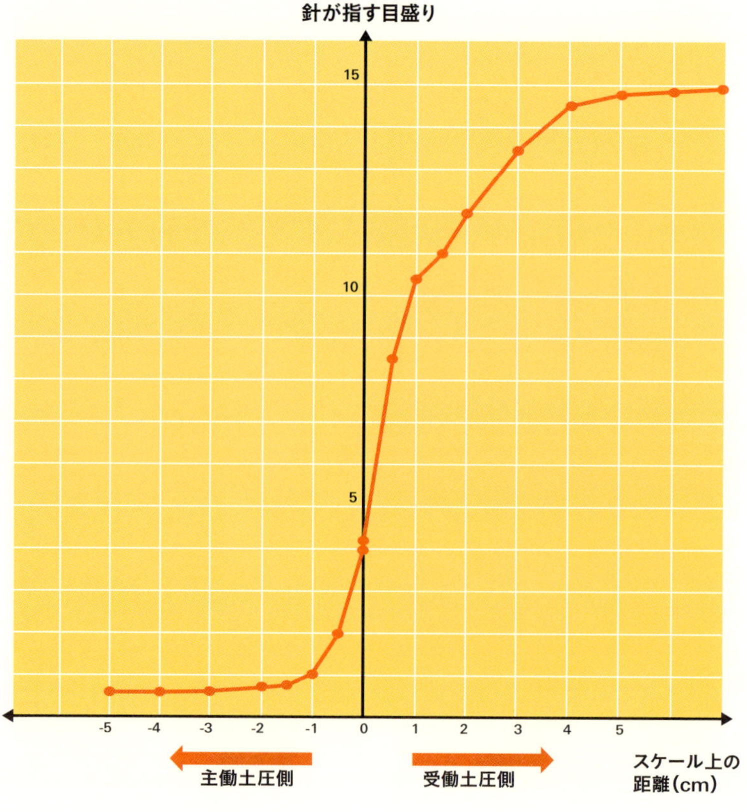

発生）とで、擁壁背後で影響を受ける土の範囲がどのように異なるか、見て取ることができる。

こうした視覚的な分かりやすさに加えて、はかりの針の動きによって擁壁に掛かる土圧の大小を量的な比較で捉えることもできる点が、この模型の特徴だ。。

私が一般の人向けに「ドボク模型」を実演する際にはしばしば、「土木って、計算上の裏付けがあるんですね」と驚かれることがある。私たち土木技術者にとっては当たり前の話で、改めて言われるのも心外なのだが、専門外の人の多くはこのように捉えていると考えた方がいい。だからこそ、工学的な「裏付け」を分かりやすく伝えることが、一般の人に興味を持ってもらう第一歩として有効なのだとも言える。

「移動距離」と土圧の関係も検証

「模型の構造と作り方」（102〜103ページ）で触れたように、この模型で使ったはかりは百円ショップで見つけた料理用のものだ。計測器として精密なものではない。だが相対的な量の大小を比べるという点では、この程度でも十分に使える。

若手技術者や土木系学生の読者なら、次のような応用実験を行ってみるといいと思う。前ページのグラフは、擁壁に見立てた板の「移動距離」とはかりの針が示す目盛りの値を書き留めたもの。移動距離とは、板が垂直の状態を0として、山側・谷側に傾けたときの位置を模型本体に貼り付けたスケールで読み取った数値だ。

針はぐるぐる回るので、目盛り以上の部分は目分量。その点でも精度は低いのだが、同じ移動距離（擁壁の傾き）でも、受働土圧のほうが主働土圧より大きいという一般的な傾向は、グラフに再現されている。また土圧は一定以上の大きさを超えると変化率が低減する特性があるが、それも現れている。

11
崖崩れを防ぐには？

パネルを起こすと重力が掛かってナットが崩れる——。
今回は崖崩れの模型だ。大変シンプルで、身近な材料ですぐ作れる。
「吹き付け枠工法」、「地山補強土工法」、「アンカー工法」という
主だった対策工のメカニズムと効果を再現することができる。

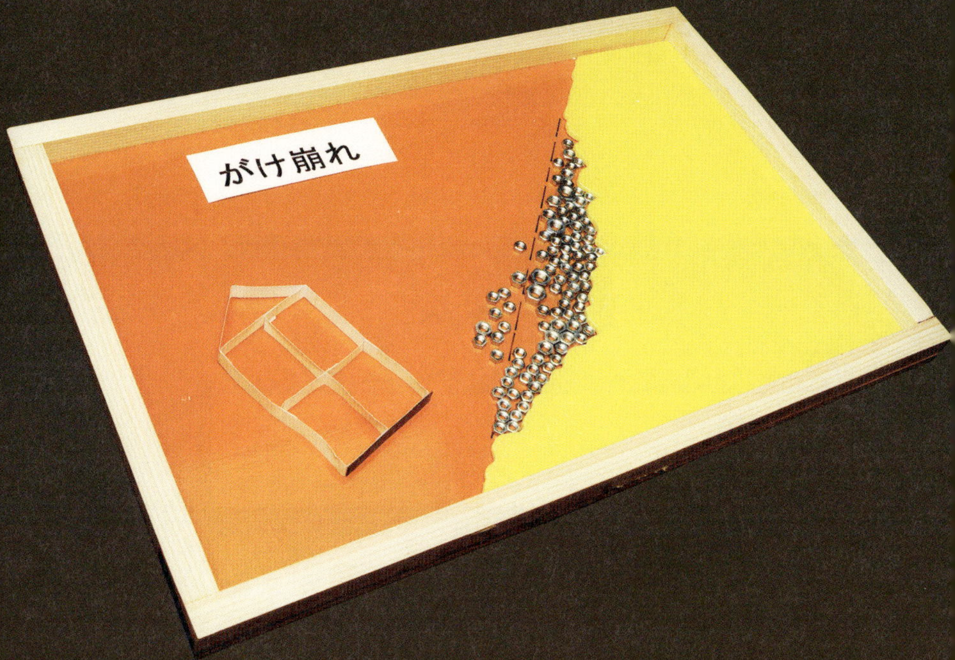

模型の実演と着眼点

1

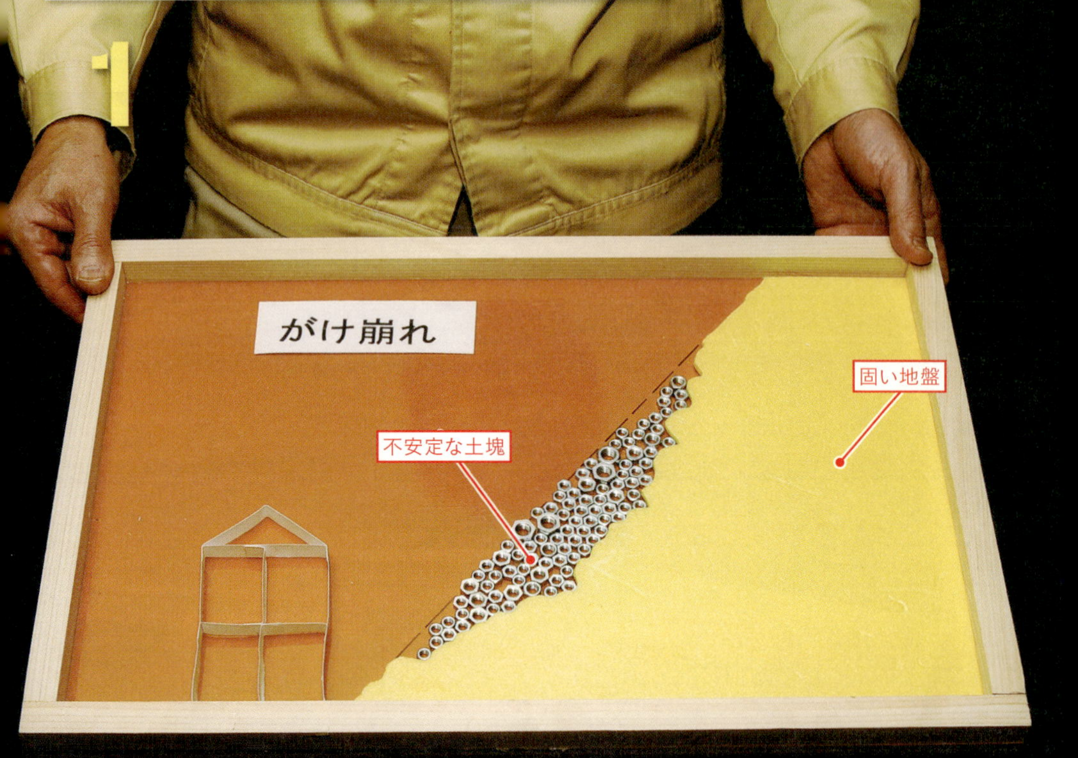

崖地の表面では、風化や植物の繁殖などで土や岩が緩んだり、割れたりして、さらに時間の経過で不安定になっている箇所が生じることがあります。金属ナットの部分は、そうした不安定な箇所の土塊を表現しています

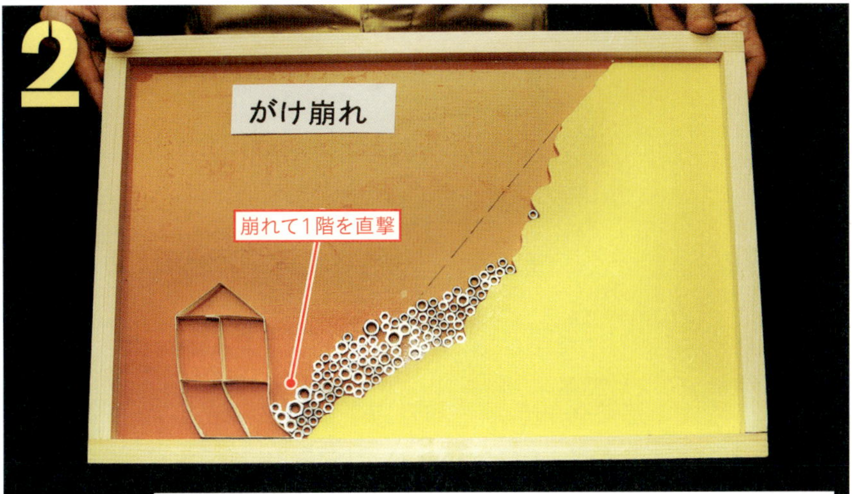

パネルを起こしてみましょう。ナットに重力が掛かり、土圧が生じた状態を再現することになります。固い地盤（黄色い板の部分）の上にある不安定な土塊が崩れて、崖下の家を直撃しました。実際に集中豪雨などの際に生じる崖崩れの被害でも、山側の1階部分にいた人が亡くなる例が多いのです

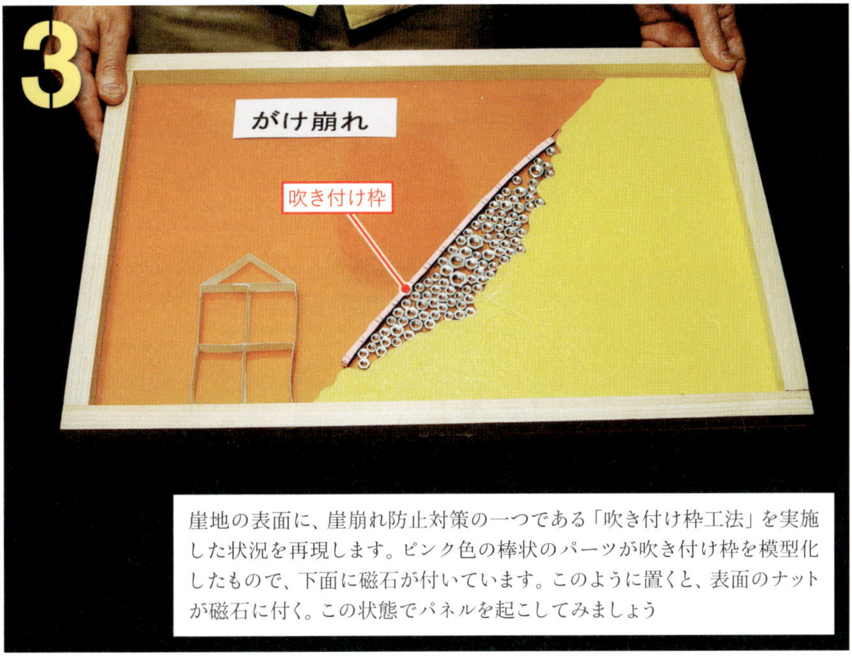

崖地の表面に、崖崩れ防止対策の一つである「吹き付け枠工法」を実施した状況を再現します。ピンク色の棒状のパーツが吹き付け枠を模型化したもので、下面に磁石が付いています。このように置くと、表面のナットが磁石に付く。この状態でパネルを起こしてみましょう

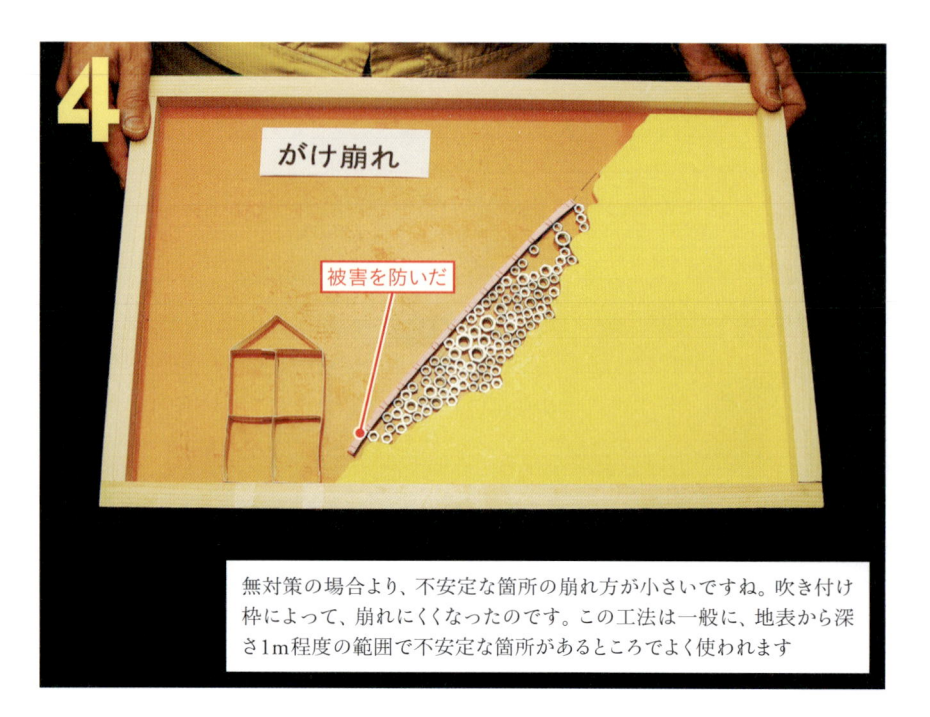

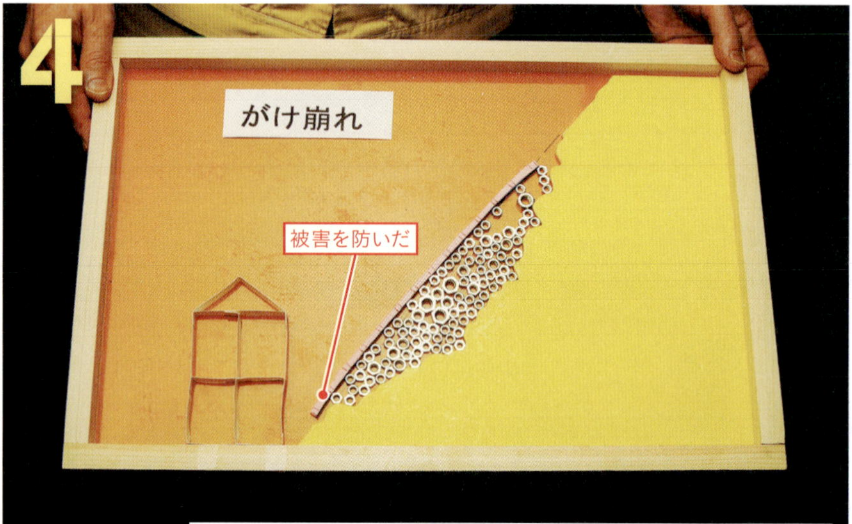

無対策の場合より、不安定な箇所の崩れ方が小さいですね。吹き付け枠によって、崩れにくくなったのです。この工法は一般に、地表から深さ1m程度の範囲で不安定な箇所があるところでよく使われます

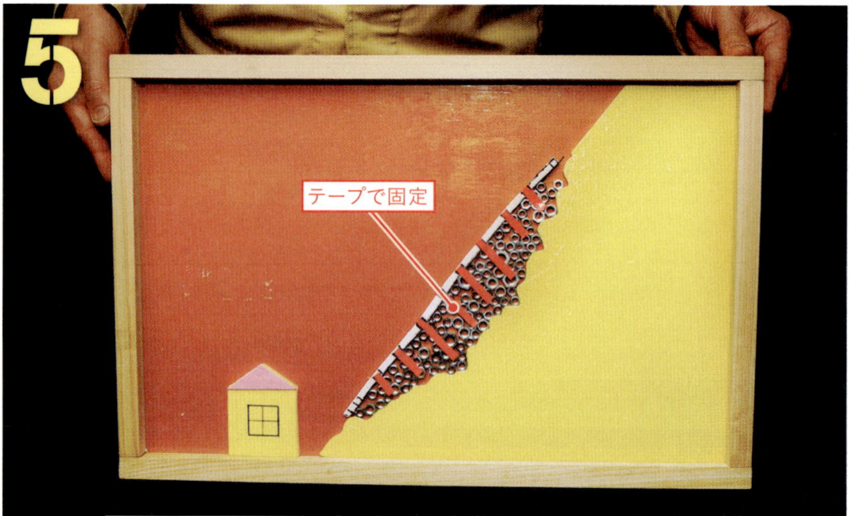

次に、棒状パーツを置いて赤いテープを何本か張ります。これは「地山補強土工法」。斜面に穴を開けて直径2cm程度の鉄棒を挿入し、セメントなどを穴に充てんする工法です。地表から深さ3m程度の範囲で不安定な箇所があるところでよく使われます。赤いテープが鉄棒と注入剤で補強した状態を再現しており、テープを張ったナットの周囲も、角がぶつかり合って動かなくなる。パネルを起こしても崩れません

三つ目は「アンカー工法」。安定した固い地盤までワイヤ状の鋼材を打ち込み、地表の「受圧板」（黄色いパーツ）に固定。地中側先端はセメントで固い地盤に固定します。より深い範囲で不安定な箇所を動かなくする際によく使われる工法です。パネルを起こしても崩れませんね

模型の構造と作り方

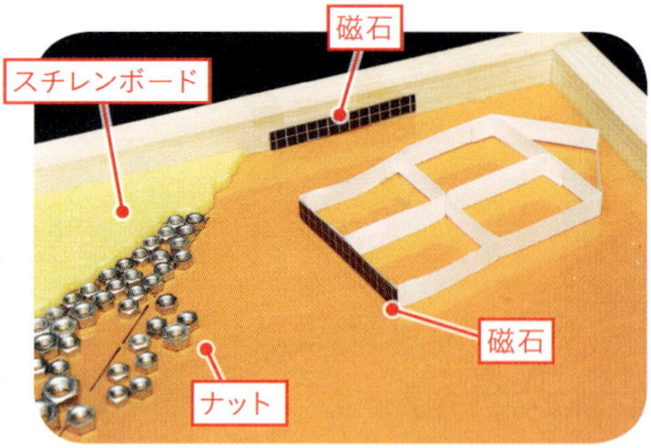

A ナットが滑りやすい状態に

ベースは型枠用の塗装コンパネで、土の粒子に見立てたナットがすべりやすいように塗装面を表に使う。「固い地盤」の部分は厚さ5mmほどのスチレンボード。住宅は紙帯で作り、マグネットシートでベースに固定する。

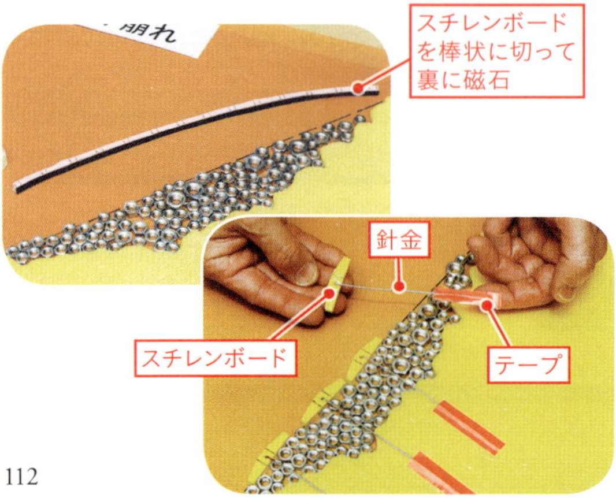

B パーツを使い分けて複数工法を再現

「吹き付け枠工法」の吹き付け枠は、スチレンボードを棒状に切って裏面にマグネットシートを張る。「地山補強土工法」で用いたパーツも同じ。「アンカー工法」の受圧板もスチレンボード製で、アンカーは針金製。

この模型のポイント

大きさの違う数種類のナットを土の粒子に見立てて、崩れ方などを再現する模型は、ここまで何度か紹介してきた。これもその一つで、「吹き付け枠工法」や「地山補強土工法」、「アンカー工法」の特徴と効果が見てすぐ分かる。

手近な素材でできるうえに、シンプルで動きも分かりやすいので、私が小中学生など比較的低い年齢層向けに実演するときにも受けがいい模型だ。

こうした年齢層には、夏休みの自由研究などに自分で作ってみることを促すのもいいだろう。最近では子供より保護者の方が熱心なので、一般市民向けの説明機会に「お子さんの自由研究で一緒に作ってみては?」と紹介するのも、関心をより高めてもらううえで有効だ。

条件によって要求水準も違う

この模型のような見せ方で「吹き付け枠工法」、「地山補強土工法」、「アンカー工法」の3種類を比較・紹介すると、専門外の人は、「ならば、アンカー工法が最も安心できる対策なのか」と考えがちだ。実際には対策箇所の地形や地質、近隣住民などのニーズ、周辺環境や景観への影響、費やすことができる事業費といった諸条件によって、適切な工法が決まることは言うまでもない。

確かに3種類のうち「吹き付け枠工法」は相対的に、最も経済的だが安心度は低い。だがこの工法でも、例えば大規模地震などの際、最終的に崩壊して崖下に被害をもたらすにはそれなりに時間を要する。「模型の実演と着眼点」の解説写真4(110ページ)はその状況の再現だ。「一定の時間的猶予が確保できるなら、近隣住民が安全な場所まで避難可能」という考え方はあり、近年の大規模地震でも同様の状況で住民が命拾いした例があった。このように、実際の施工箇所の条件によって対策工の要求水準も一律ではないことも理解しておこう。

【トップリング現象とは?】

斜面崩壊現象の一つで、岩盤・岩塊が主体の地質で生じるのが「トップリング」だ。この現象は、縦方向の節理や層理などに添って亀裂が入り、そこを境に、支えを失った岩塊が谷側に倒れ込むように崩れるというもの。私の地元の島根県でも、崖崩れ対策の対象として比較的ポピュラーな現象の一つだ。

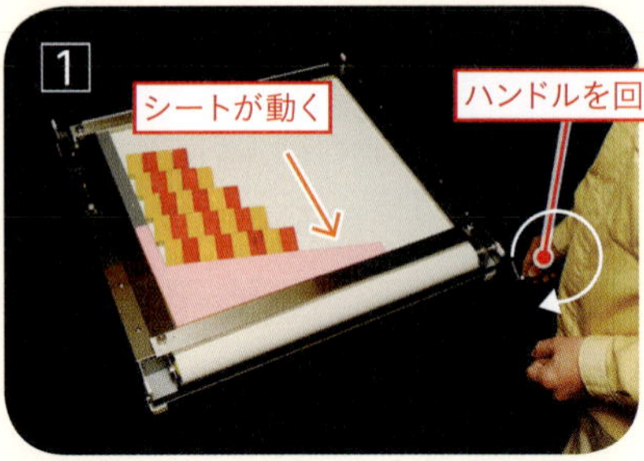

04章や06章で紹介した回転シートの模型を使うと、次ページまでの写真1〜4のように、トップリングという現象を再現することもできる。

04章や06章でも紹介したが、この

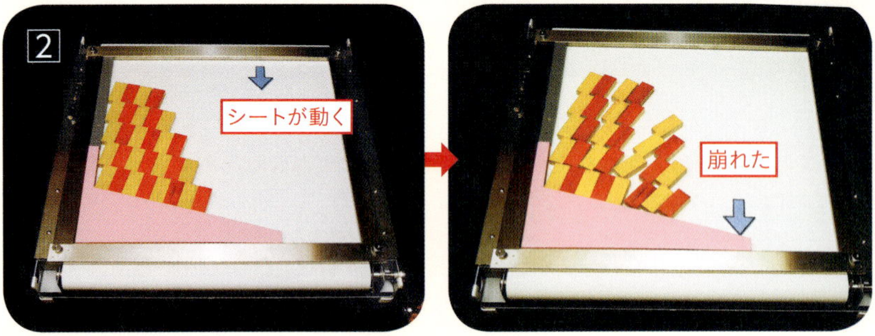

縦方向の亀裂がある岩で生じる「トップリング現象」を再現する。無対策では、重力（シートを下方向に回転）で岩（赤と黄の木製ブロック）がこのように崩れる

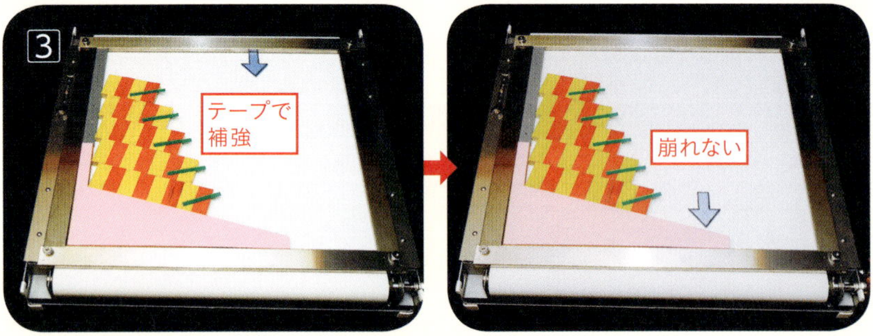

補強鉄筋などで岩がずれないようにした場合（ビニールテープで赤と黄の木製ブロックを留め付け）。重力が生じても、岩は崩壊しないで耐える

模型はベルトコンベヤーの要領で、2本のローラーによってシートを回転させる仕組み。手前のハンドルを回してシートを下向きに動かすと、岩塊に見立てた木製ブロック（写真で黄と赤のブロック）にちょうど重力が掛かった状態を再現することができる。

岩塊に補強鉄筋を打設する対策工の効果や、地盤にすべり面がある場合の崩れ方なども、実際に生じる状況にかなり近い形で再現できる。

下で最後に掲載した写真5は、岩塊の崩れる傾きを再現するより簡単な模型である。トップリングが懸念される場所で実地調査などを行う場合にも、基本となる考え方を模型化している。

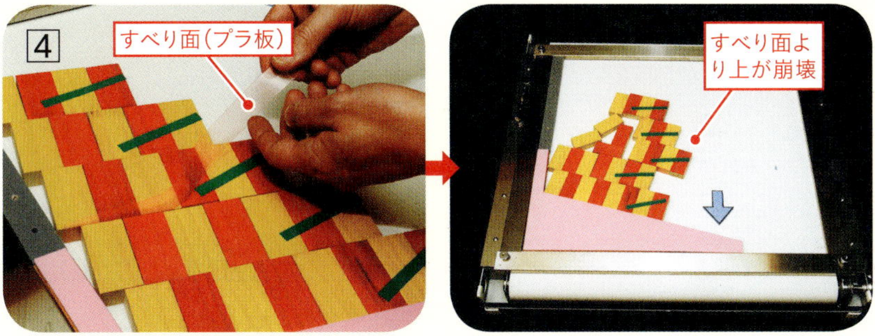

「すべり面」を設ける（プラスチック製の板を差し込む）。重力が生じると、すべり面より上の岩塊が動いて崩壊する

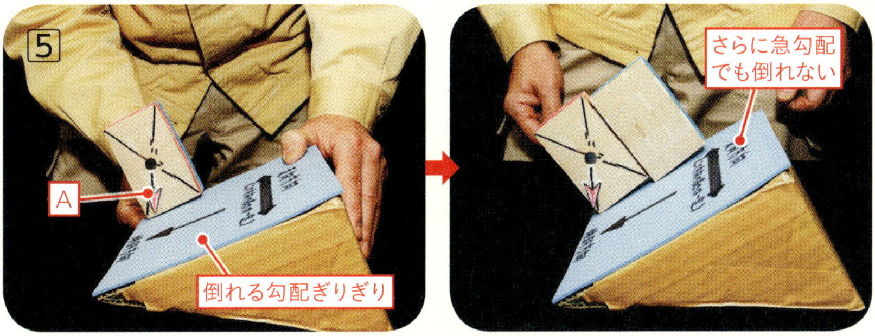

左の写真で、ピンクの矢印が線Aを超えると、ブロック（岩）が倒れる。ブロック2個を接触した状態で並べて傾けると、接触箇所の摩擦抵抗で、単体より倒れにくくなる

12
持つ擁壁と持たない擁壁

擁壁が背後の土を支えるか、耐えられずに崩れるか、その違いは?――。
パネルタイプの模型で、擁壁に背後の土が掛けている力を再現する。
木板のL字形擁壁や木製ブロックの石積み擁壁などが題材だ。
応用として、補強土壁工法の効果も再現する。

模型の実演と着眼点

1

青い部材はL字形擁壁、金属ナットは土の粒子の代わりです。パネルを起こすと、土に重力が掛かった状態を再現できます

パネルを起こしました。これは擁壁が「持っている」状態。背後の土をしっかり支えています

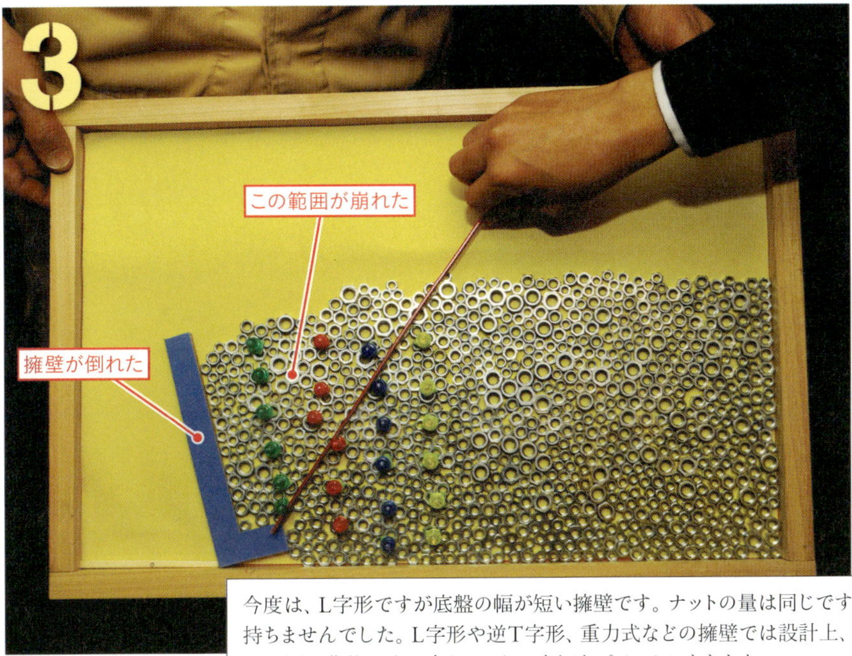

今度は、L字形ですが底盤の幅が短い擁壁です。ナットの量は同じですが、持ちませんでした。L字形や逆T字形、重力式などの擁壁では設計上、底面の幅が背後の土を支えるうえで大切なポイントになります

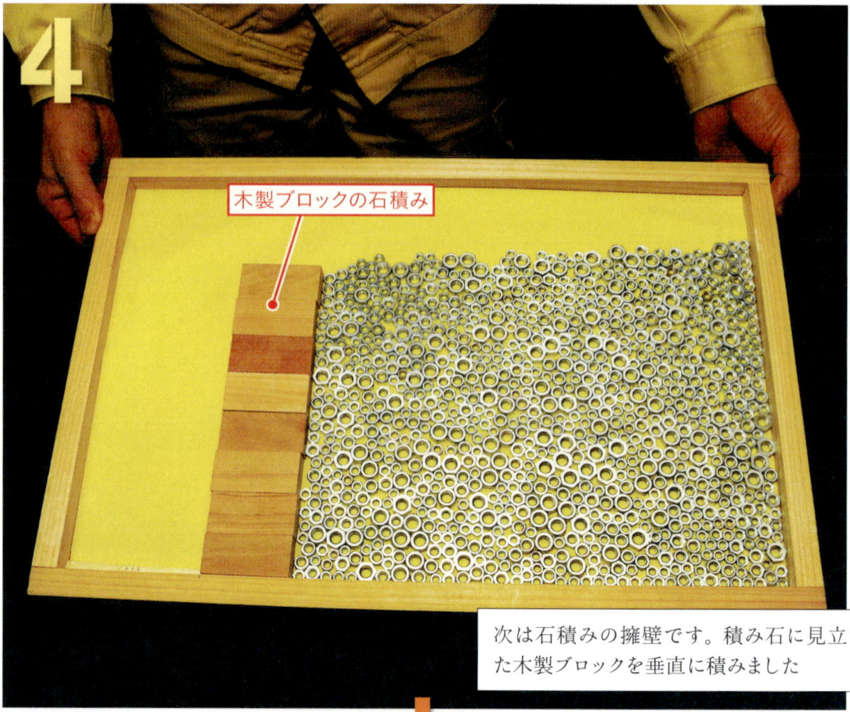

次は石積みの擁壁です。積み石に見立てた木製ブロックを垂直に積みました

パネルを起こしてみます。石積みの中央付近がはらんで、背後の土を支えられません

5

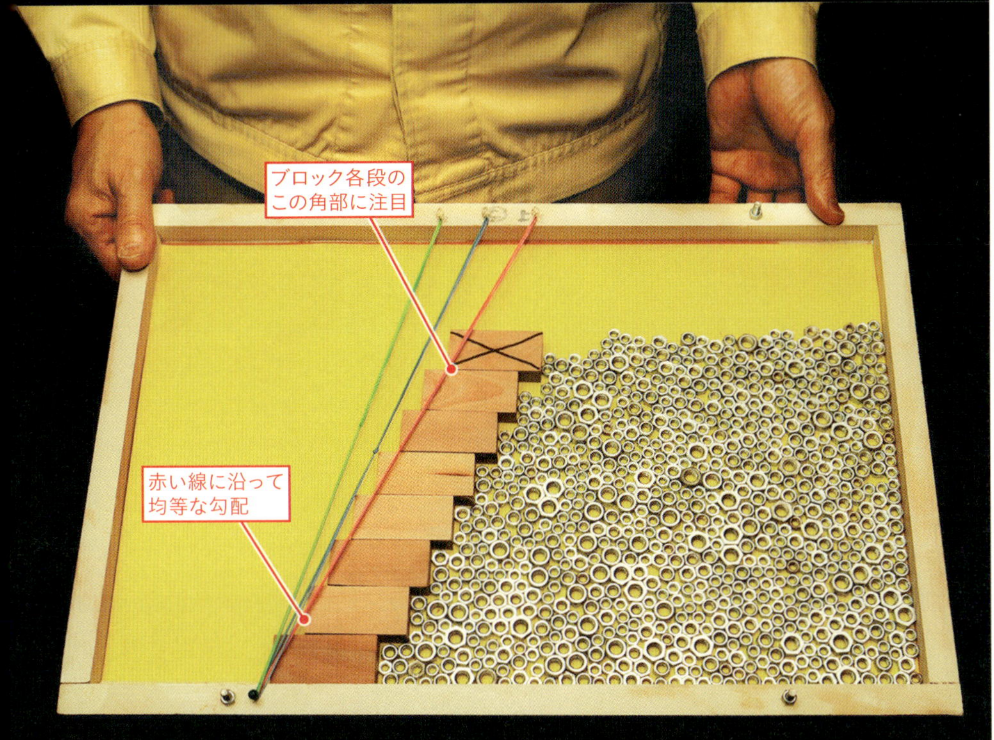

次に、一番右手の赤い線に沿って、均等な勾配（ここでは五分勾配）でブロックを積みました

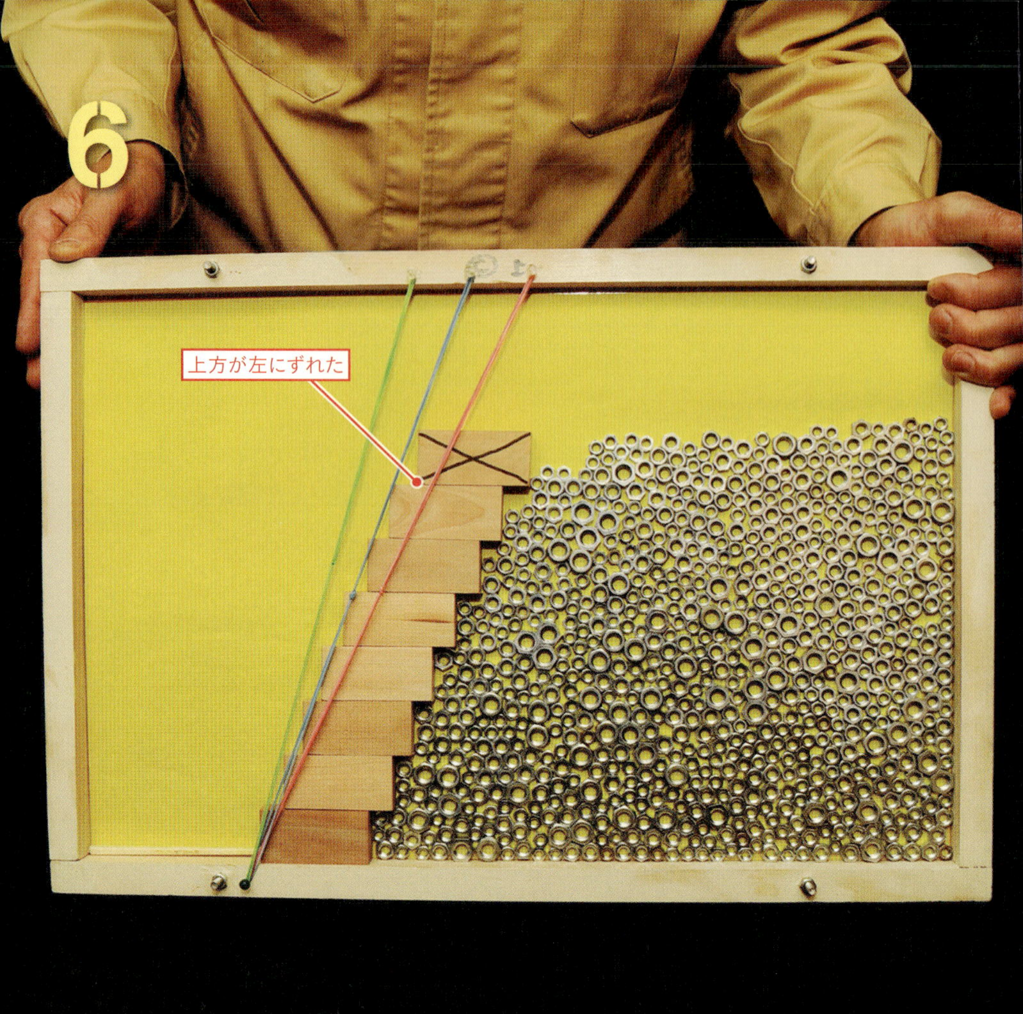

パネルを起こすと、垂直に積んだ時よりも変化は小さいですが、上方のブロックほど赤い線より左に移動し、擁壁全体がはらんだことが分かりますね

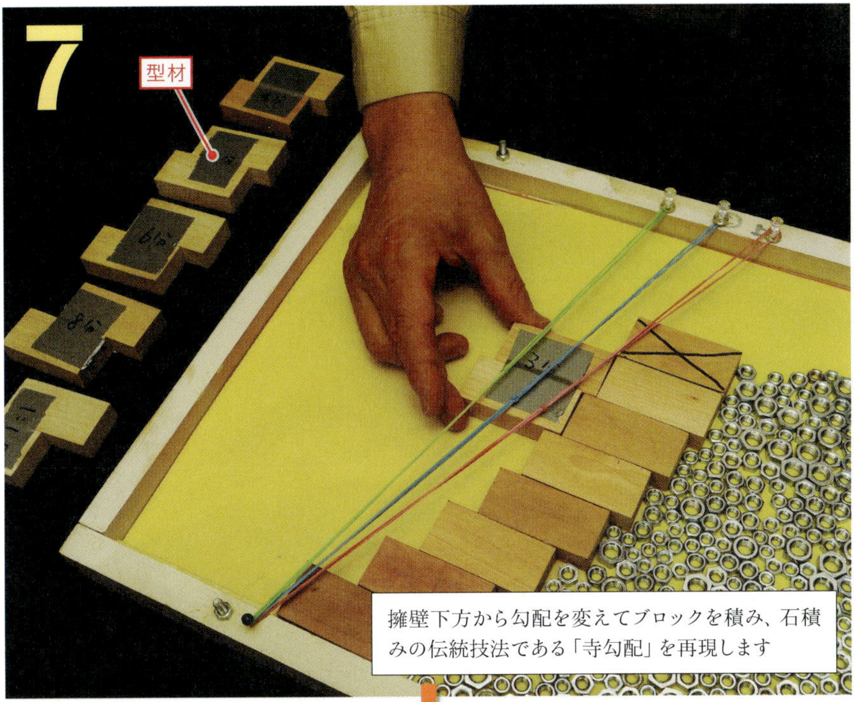

擁壁下方から勾配を変えてブロックを積み、石積みの伝統技法である「寺勾配」を再現します

パネルを起こしても、擁壁ははらみ出さないで安定しています

模型の構造と作り方

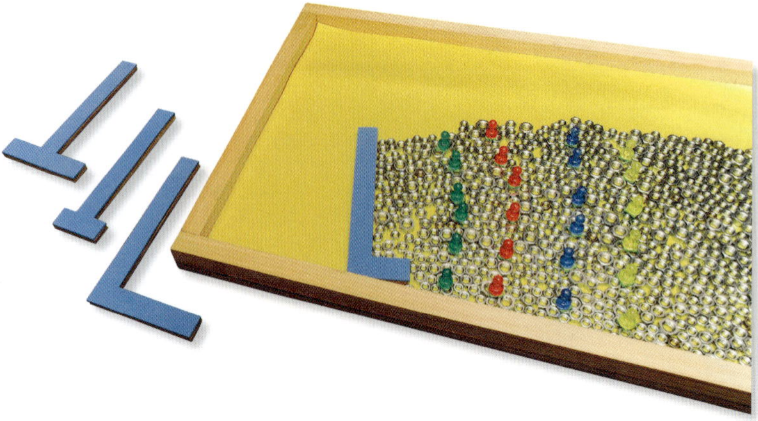

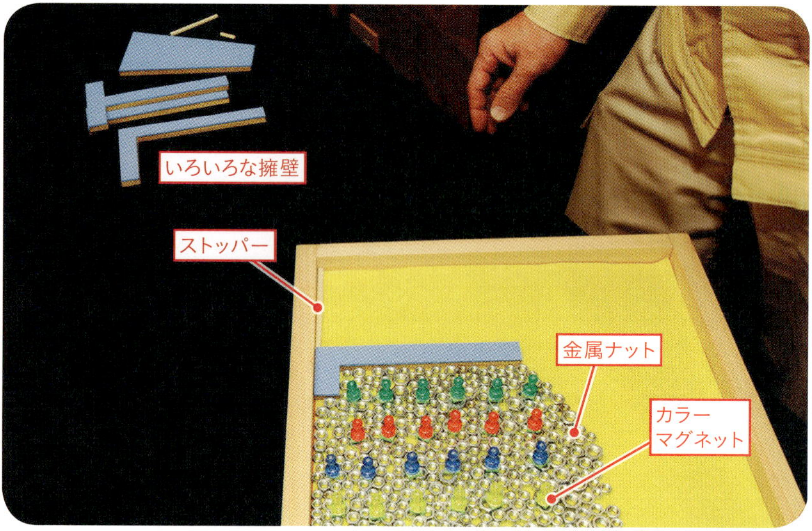

逆T字形や重力式も再現できる

パネルや土の粒子に見立てた金属ナットは、既に紹介したいくつかの模型と同様だ。この模型ではナットのすべりやすさを考慮して、パネル表面に紙を張っている。擁壁は厚さ1cm程度の木板などをカットして作る。L字形擁壁のほか、逆T字形や重力式も模型化でき、いずれも底盤の幅などを変えることで「持つ場合」と「持たない場合」を再現可能だ。ナットの表面にカラーマグネットをマーカー代わりに並べておくと、パネルを起こした際に背後の土の挙動がよく分かる。

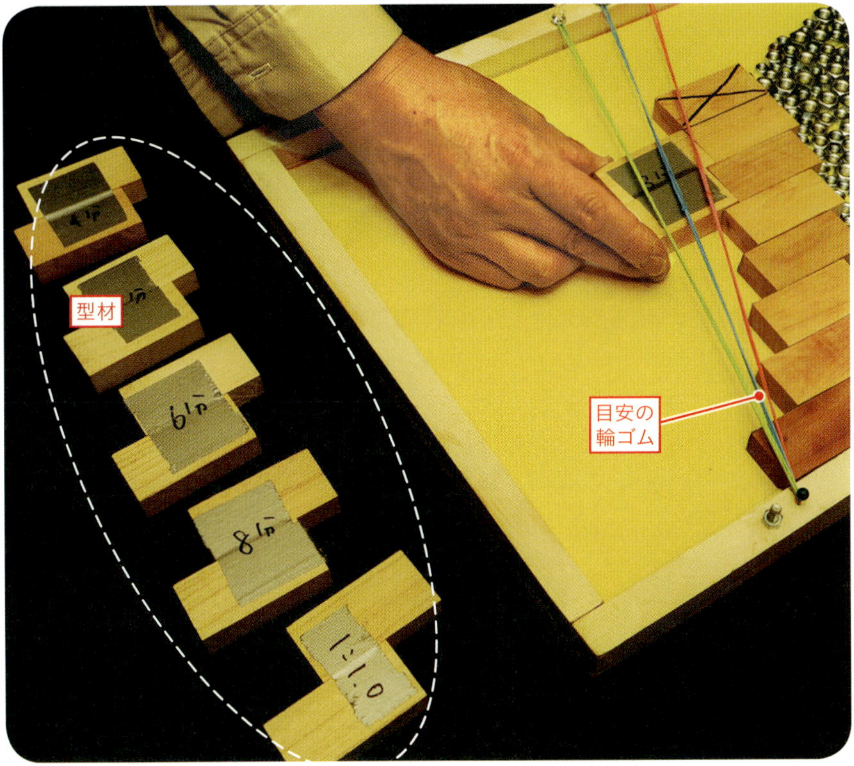

型材で石積みを「寺勾配」に

石積み擁壁は木製ブロックで再現する。パネルの枠の上下に釘を打ち、勾配の角度や擁壁のはらみ出しを見分ける目安にする輪ゴムをセット。「寺勾配」は、まずブロック2個を上下に置き、同じ角同士を結ぶ線の傾斜角（つまり擁壁の勾配）が所定の角度になる位置で固定。これを「型材」にする。型材を当てながら擁壁用のブロックを積んでいく。この模型では下から1段目と2段目の勾配を一割、2段目と3段目は八分で、以降は六分、四分、四分、三分と積み上げ、7段目と最上段は垂直積みにして完成。

【補強土壁工法を再現】

盛り土を背後に擁壁を構築する際、盛り土材の安定化を図るうえで一般的な工法の一つが補強土壁工法だ。テールアルメ工法やジオテキスタイル工法といったものが代表例である。前者は地中に帯状の鋼製補強材を、後者はジオテキスタイルをそれぞれ層状に埋設する。鋼製補強材の引き抜き抵抗力やジオテキスタイルのインターロッキング効果（かみ合わせ効果）が、盛り土材の安定化や補強に効果を発揮する。

この模型では、補強土壁工法の効果も再現できる。擁壁に見立てて木製ブロックを積む際に、ブロックとブロックの間に短冊状にカットしたスポンジシートを挟んでいく。下の写真は、ブロックを垂直に積み、ブロックの隙間にスポンジシートをセットした例だ。シートは比較のために2種類、ブロックの厚さとほぼ同じ幅で短いものと長いものを用意した。

長いシートを挟んだ模型は、パネルを起こしても擁壁に変化なし（次ページで上の写真）。重力が掛かった状態で、シートが金属ナット（土）の安定性に効果を発揮しているということだ。短いシートの場合は擁壁が傾いた（次ページで下の写真）。擁壁側の上方付近のナットが動いている。

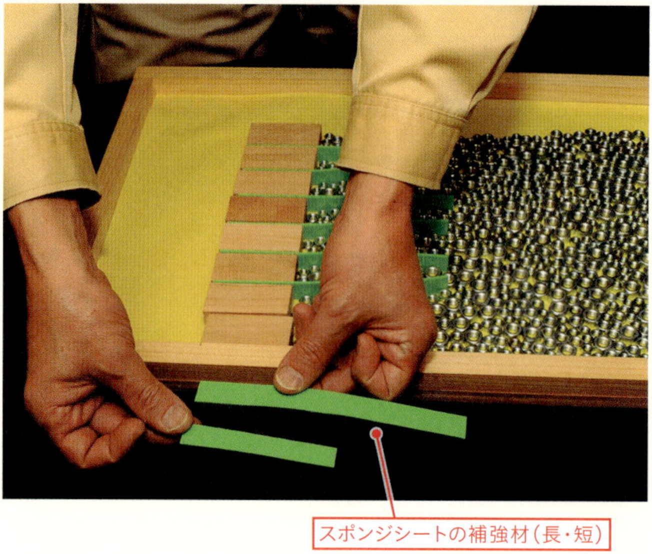

石積み擁壁を再現した木製ブロックに短冊状にカットしたスポンジシートを挟む。シートは長短2種類を用意

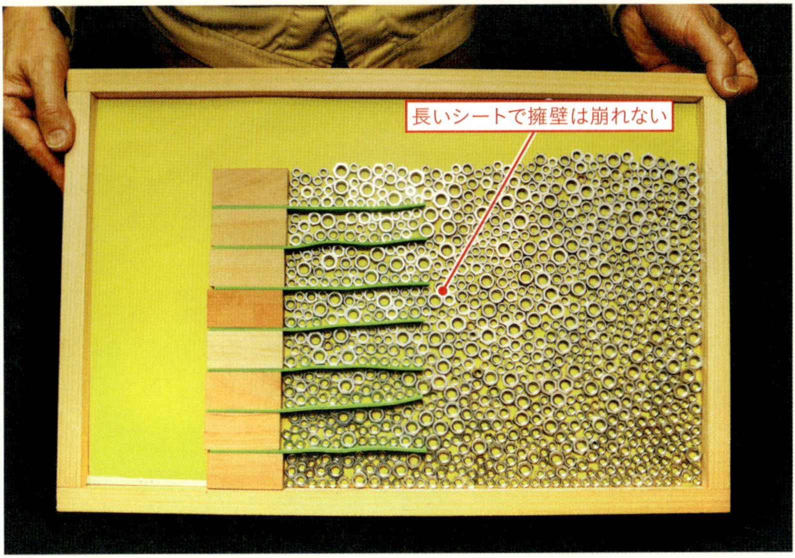
長いシートで擁壁は崩れない

パネルを起こす。長いシートの場合は、垂直に積んだブロックが崩れない。シートが土（ナット）の安定性に効果を発揮している

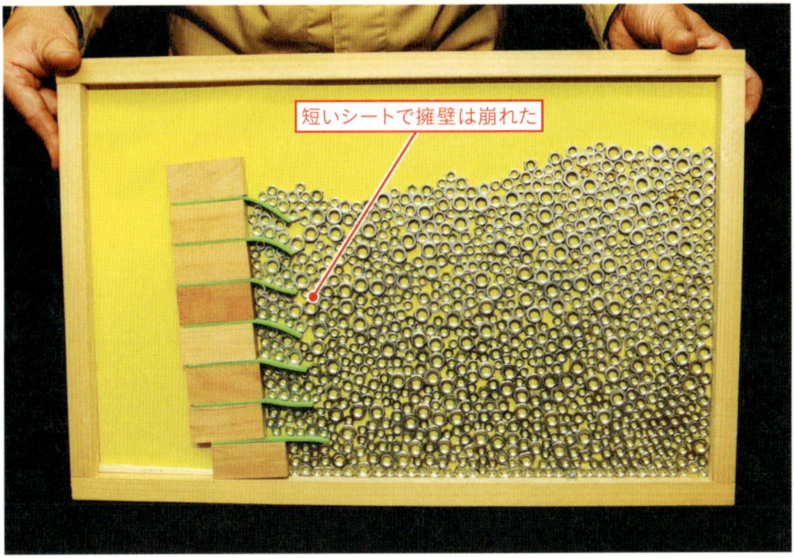
短いシートで擁壁は崩れた

短いシートの場合は、ブロックが崩れた。ナットの安定性が確保できず、主にブロック側上方のナットが動いた

この模型のポイント

いろいろな種類の擁壁を題材に、背後の土の挙動や設計上のポイントを直観的に理解してもらうことが、この模型の狙いだ。

木板製の擁壁のモデル（本書の「模型の実演と着眼点」ではL字形のみ紹介）は、極めて単純化して、底盤幅の長短による違いのみを見せている。厳密に言えば、「持つ」か「持たない」かの違いは底盤幅の長短だけではない。

例えばL字形は縦壁の谷側直下で地盤反力が最大化するのに対して、逆T字形は谷側に張り出した底盤（つま先板）がある分、縦壁直下の地盤反力は小さくなる。コンクリートと底盤上の土の重量が擁壁重量となる片持ち梁式（L字形、逆T字形など）に対して、重力式は、コンクリート塊としての重量が擁壁の安定性の基本になる。

こうした点まで踏み込んで説明すると複雑になるので、まずは「背後の土にどのような力が掛かっているか」を理解してもらう点にこの模型の意義がある。木製ブロックで石積み擁壁を再現した模型も同様だ。専門外の人に説明する場合は、下のような実例写真（擁壁上部のはらみ出し）を添えて見せれば、イメージしてもらいやすい。

若手技術者や土木系学生なら、もう一歩踏み込み、経済性（例えば擁壁高さの高低による違い）や力学的ポイント（土圧の作用面と壁面摩擦角との関係など）、設計上の与件に基づく選択肢（基礎地盤の硬軟など）といった切り口で比べてみるといい。

はらんだ擁壁

Interview

誰だって分かれば面白い

身近な材料でつくる「ドボク模型」で技術の魅力を見せる

土木工学の原理を分かりやすく説明する——。
著者は百円ショップなどで手に入る身近な素材で、
20代の若手時代から「ドボク模型」の製作と実演に励んできた。
元々は発注者への説明用に作ったのが、取り組みの端緒。
今は一般市民や子供向けの広報イベントなどでも活用している。

（聞き手は日経コンストラクション編集）

——この模型（次ページの写真）は「円弧すべり」ですか？

藤井　そう、雨が降って山が崩れる仕組みを説明する模型です。地盤の中には「すべり台」があって、下のパネルのような感じで人が座っている、と思ってください。上の方の急角度な位置に座っている人は、前の人をぐいぐい押す格好で、すべり落ちないように踏ん張っている。下の方の人は、後ろから押される力に踏ん張って耐えている。

雨が降って地盤に水がたまる（ロートに赤い着色水を注入）と、下の方の人は体が水に浸かってしまう。お風呂やプールで体が浮かぶような状態になって、踏ん張る力が徐々になくなる。後ろから押される力に耐えられなくなると、山が崩れる（模型で円弧すべりが発生）。

では、どうするか。例えば、地盤にたまった水を抜く方法。つまり排水ボーリングですね。あるいは、重りで押さえる方法。押さえ盛り土ですね。まあいつも、こんなふうに説明するんです。

——ほかにも模型がいっぱい…。いつごろからこうした模型を？

藤井　大学院を出て当社に入ったばかりの20代半ばくらい。当社は地盤関連の調査

⑧番目の人
体重50kg
③番目の人
体重100kg
すべる力が大きくて
下の人を押す
すべる力:大
すべり面

・設計業務がメーンですが、社長である父に代わって発注者に技術提案などの説明をする役を任されたんです。だが若かったためか、なかなか相手に納得してもらえない。そこで、こうした模型を持っていくようになった。毎回、何か抱えて行くものですから、そのうち「今度は何?」と担当者たちから楽しみにされるようになって…（笑）。

しばらくすると発注者や元請けの建設会社などから、住民説明会などでの“出前講義”を頼まれるようになりました。

例えば急傾斜地の地すべり対策で実施する排水ボーリングでは、住宅の裏山とか、生活空間に近接した箇所での工事を嫌がる住民もいる。発注者や元請けもなぜ工事が必要か、詳しくは説明しない。こうした模型で説明すると、嫌がっていた住民が「すぐやってくれ」と変わることも多いんですよ。

7年ほど前からは、地元の建設会社や建設コンサルタント会社の研修会にも呼ばれ

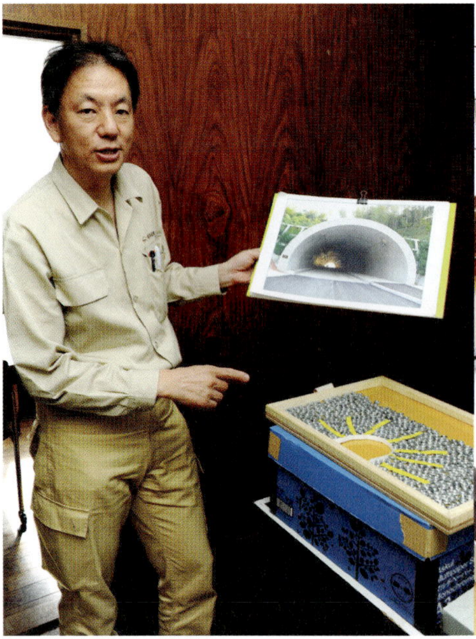

るようになりました。「最近の技術者は書類仕事ばかり。若手も山や土をしっかり見る時間がないから、教えてやってくれないか」と言われてね。高等専門学校や大学の学生向けセミナーとか、小・中学校での防災教育授業などにも広がって、今もあれこれと、毎月最低1回はこうした活動を行っています。

——模型による説明に、反応は?

藤井　一般の人は、例えばコンクリート擁壁がなぜあの形で、その裏側がどうなっているかを知らない。仕組みや理由が直観的に分かると、確実に感動してくれます。子どもなら「学校で習う算数が土木に役立つんだ」なんて、喜んでくれる。

プロや土木系学生からは、「こう伝えれば、確かに分かりやすい」とか「専門講義で習ったことの意味が、模型を見て初めて分かった」などと言われますね。私も、こうし

た反応がいつも楽しみです。

土木の中でも土質力学は特に、理屈がふに落ちると、新鮮な驚きが味わえる分野だと思います。だからこそ、「どう説明したら分かりやすいか」と考え抜くのは楽しい作業なんです。模型の材料は、百円ショップやホームセンターなどで身近に手に入るものばかり。一日の仕事が終わった後、自宅で夕飯を食べてまた会社に戻って夜に作る。私にとっては至福の時間です。

社業とは別に土木学会などでの活動も多いのですが、土木系学生を対象にした技術説明のコンテスト、通称「ドボコン」を全国規模で立ち上げたいと動いています。こうした模型を作ってもらって、プレゼンテーションのアイデアを競い合うんです。一緒にやってみませんか?

※日経コンストラクション2013年8月12日号 特集「ドボクを元気にする12人」から一部を加筆・修正して再掲

藤井基礎設計事務所では、技術部の有志が著者の「ドボク模型」活動に参加し、アイデアを競い合っている

Profile　藤井俊逸(ふじい・しゅんいつ)

1960年島根県生まれ。85年、名古屋工業大学大学院を経て、建設コンサルタント会社の藤井基礎設計事務所(松江市)に入社し、現在は社長。土木学会地盤工学委員会の斜面工学研究小委員会副委員長も務める。2013年4月には、「模型実験による土木の理解増進」で文部科学大臣表彰(科学技術賞理解増進部門)を受賞。趣味はたき火

模型で分かるドボクの秘密

2015年10月21日　初版 第1刷発行
2024年10月25日　初版 第4刷発行

著者・DVD監修　藤井俊逸(藤井基礎設計事務所)
編者・DVD企画　下田健太郎
DVD制作　秋元聖臣(KDS)、加藤宏明(アストバーン)
発行者　浅野祐一

発行　日経BP社
発売　日経BPマーケティング
〒105-8308　東京都港区虎ノ門4-3-12

装丁・デザイン　浅田潤(asada design room)

印刷・製本　大日本印刷

ISBN978-4-8222-3516-1

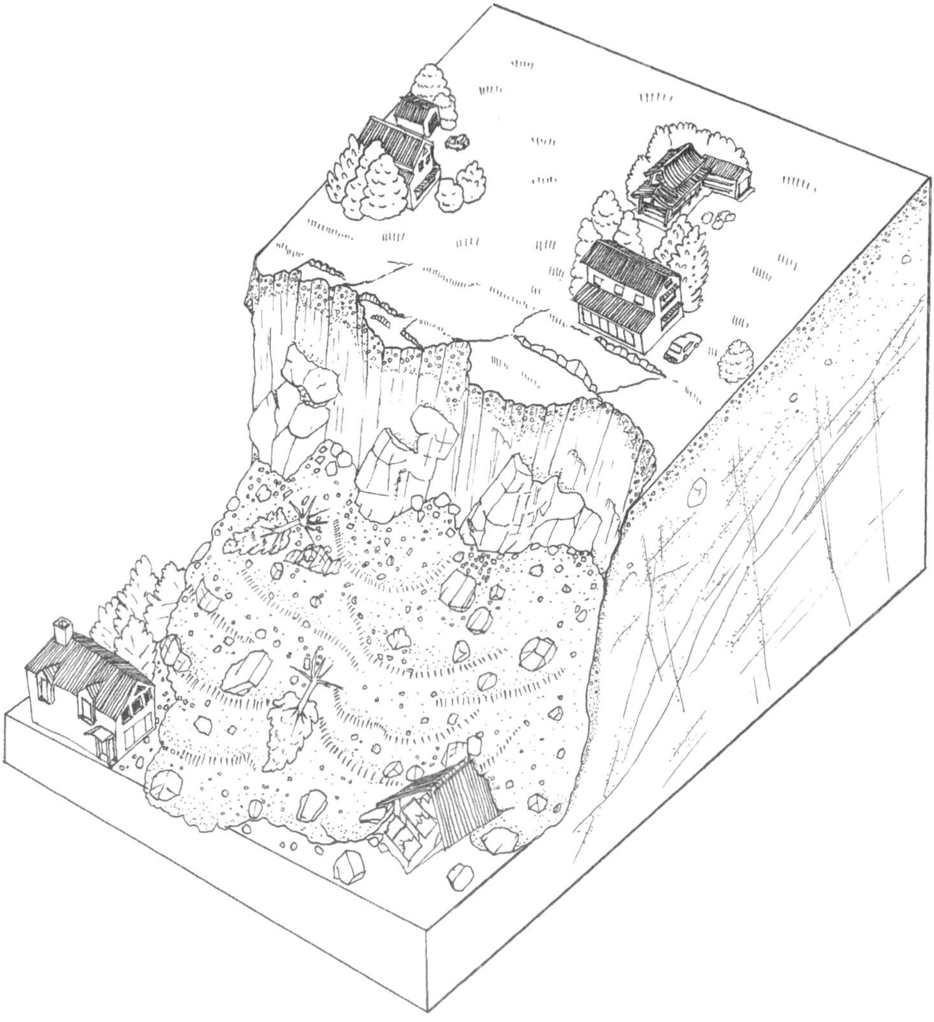